DER AUFBAU DER ATOMKERNE

NATÜRLICHE UND KÜNSTLICHE KERNUMWANDLUNGEN

VON

LISE MEITNER UND MAX DELBRÜCK

MIT 13 ABBILDUNGEN

BERLIN
VERLAG VON JULIUS SPRINGER
1935

ISBN-13: 978-3-642-64944-8 e-ISBN-13: 978-3-642-64953-0
DOI: 10.1007/978-3-642-64953-0

Reprint of the original edition 1935
UNIVERSITÄTSDRUCKEREI H. STÜRTZ A.G., WÜRZBURG

Vorwort.

Die vorliegende kleine Schrift ist angeregt worden durch einen Vortrag, den der eine von uns bei der MENDELEJEFF-Feier in Leningrad im September 1934 gehalten hat.

Bei der nachträglichen Umarbeitung und Erweiterung des behandelten Stoffes ist der ursprüngliche Rahmen insofern festgehalten, als versucht wird, ohne irgendwelchen Anspruch auf Vollständigkeit, dem an dem Gebiet interessierten Physiker oder Chemiker die modernen Probleme der Kernphysik und Kernchemie an der Hand typischer Beispiele nahezubringen. Dementsprechend ist auf jede Literaturangabe verzichtet worden.

Die Gliederung in zwei Teile ist nach dem Grundsatz erfolgt, daß im ersten Teil neben den experimentellen Tatsachen alle zahlenmäßigen Beziehungen behandelt werden, die durch Anwendung des Energie- und Impulssatzes erhalten werden können. Zu einem wirklichen Erfassen der Vorgänge innerhalb der Atomkerne sind aber quantenmechanische Vorstellungen nötig; durch sie finden die Tatsachen und ihre Zusammenhänge, soweit wir sie heute übersehen können, ihren sinngemäßen Ausdruck. Diese quantenmechanischen Vorstellungen sind im zweiten Teil entwickelt ohne Heranziehung komplizierter Rechnungen.

Die Zweiteilung macht vereinzelte Überschneidungen unvermeidlich; wir hoffen aber, daß das Verständnis der behandelten Fragen durch sie erleichtert wird.

Die Abbildungen sind, wenn nicht anders vermerkt wird, aus Arbeiten unserer Abteilung entnommen.

Berlin-Dahlem, Mai 1935.

Kaiser Wilhelm-Institut für Chemie.

Die Verfasser.

Inhaltsverzeichnis.

I. Experimentelle Ergebnisse der Kernforschung.

Einleitung.

Das Streben nach der Erkenntnis der Elementarbausteine der Materie als letzte stoffliche Einheiten ist von jeher der wissenschaftlichen Naturbetrachtung zugrunde gelegen. Aber die Vorbedingungen für die Möglichkeit dieser Erkenntnis mußten erst allmählich in der fortschreitenden Entwicklung der Chemie und Physik geschaffen werden. Die Aufstellung des Periodischen Systems der Elemente bedeutete einen sehr wichtigen Erfolg auf diesem Wege; denn die in ihm sich widerspiegelnden Gesetzmäßigkeiten zwischen den verschiedenen Elementen wiesen sehr klar auf gemeinsame Elementarbestandteile hin. Die Entdeckung der Radioaktivität, d. h. der spontanen Umwandlung eines Atoms in ein anderes unter Abspaltung elektrisch geladener Teilchen (α- und β-Strahlen) und das Studium dieser Strahlen boten nicht nur eine weitere Stütze für die Existenz gemeinsamer letzter Einheiten in den Atomen, sondern auch für die Annahme, daß diese Einheiten durch elektrische Kräfte zusammengehalten sein müssen. Die in dieser Linie laufende Entwicklung der modernen experimentellen und theoretischen Atomforschung hat schließlich zur Feststellung von vier nicht weiter zerlegbaren Elementarbestandteilen geführt, nämlich *Proton, Neutron, negatives Elektron* und *positives Elektron*. Das Proton ist identisch mit dem einfach positiv geladenen Wasserstoffion, das im üblichen Atomgewichtsmaß sehr nahe die Masse 1 hat; das vor 3 Jahren

Die 4 Grundeinheiten.

entdeckte Neutron ist, wie schon sein Name anzeigt, ein elektrisch neutrales Teilchen, von der abgerundeten Masse 1, das negative Elektron ist der aus den Erscheinungen in Entladungsröhren seit langem bekannte kleinste Massenträger der negativen Einheitsladung (Masse rund $^1/_{1800}$ von der des Wasserstoffatoms); das positive Elektron, Positron genannt, das erst in den letzten 2 Jahren aufgefunden worden ist, trägt die positive Einheitsladung und seine Masse scheint identisch zu sein mit der des negativen Elektrons.

RUTHERFORD-BOHRsches Atommodell.

Wie diese Einheiten am Aufbau der Materie beteiligt sind, hat die moderne Atomforschung gelehrt, deren Ausgangspunkt das RUTHERFORD-BOHRsche Atommodell bildet. Danach besteht jedes Atom aus dem positiv geladenen Atomkern, der im wesentlichen Träger der Masse ist und eine Raumerfüllung besitzt, die einer Kugel von 10^{-13} — 10^{-12} cm Radius entspricht. Um den Kern sind ebenso viele negative Elektronen angeordnet, als der Kern positive Ladungen trägt, wobei diese Elektronenhülle sich bis auf Entfernungen von etwa 10^{-8} cm erstreckt und die „Größe“ des Atoms bestimmt. Kern und Elektronen sind durch das COULOMBsche Anziehungsgesetz und die sog. Quantenenregeln in ihrer gegenseitigen Lage bestimmt. Die positive Ladung des Kerns und die mit ihr gleich große Zahl negativer Hüllenelektronen ist identisch mit der Platzzahl des betreffenden Elements im Periodischen System, die auch als Ordnungszahl bezeichnet wird. Da diese Ordnungszahl die chemischen Eigenschaften eines Elements eindeutig festlegt, so ist sofort klar, daß der spezielle Aufbau des Atomkerns, wozu natürlich auch seine Masse (Atomgewicht) gehört, für die chemischen (und wie gleich hinzugefügt sei, auch für die meisten physikalischen) Prozesse keine Rolle spielt.

Wir wissen heute auch, daß es Elemente oder richtiger Atomarten gibt, die bei gleicher Zahl und Anordnung der äußeren Elektronen sehr verschiedene Atomgewichte besitzen, die sog. *isotopen* Atomarten. Z. B. sind bei Zinn die Atomgewichte über den Bereich von 112—124 verteilt. Umgekehrt gibt es Elemente, die bei ganz verschiedenen chemischen Eigenschaften gleiche Atomgewichte aufweisen und die man daher als *isobar* bezeichnet. Es sei hier als Beispiel das Atomgewicht 124 genannt, das wir bei Zinn, Tellur und Xenon vertreten finden.

Die scharfe Trennung, die das RUTHERFORD-BOHRsche Atommodell zwischen Atomkern und äußerer Elektronenhülle machte, hat sich in der Folge als viel fundamentaler erwiesen, als bei der Aufstellung des Modells vorausgesehen werden konnte. Für die Prozesse, die sich in der Elektronenhülle abspielen, die also vom Kern unabhängig sind, können wir heute sehr weitgehend quantitative theoretische Deutungen geben. Den meisten dieser Prozesse liegt eine Zustandsänderung in der Elektronenhülle zugrunde, die als Quantenübergang zwischen zwei *stabilen* Zuständen gleicher oder verschiedener Energie gedeutet werden kann.

Die Vorgänge innerhalb der Kerne, wie z. B. die radioaktiven Umwandlungen, sind wieder ihrerseits unabhängig von dem Zustand der äußeren Elektronenhülle, also von den chemischen oder physikalischen Bedingungen der betreffenden Atome. Darum ist es berechtigt, von einer *Kern*physik oder *Kern*chemie zu sprechen, auch wenn wir ihre Eigengesetzlichkeit heute in keiner Weise beherrschen.

Für die Festlegung eines chemischen Elementes genügt nach dem eben Gesagten *eine* Konstante, nämlich die Zahl der um den Atomkern angeordneten Elektronen. Zur Charakterisierung des Atomkerns sind dagegen *zwei* Konstanten nötig, das Atomgewicht und die positive Kernladung. Das Atomgewicht 124 kann, wie schon erwähnt, dem Zinn, Tellur oder Xenon angehören; sobald aber die Kernladungszahl, z. B. als gleich 54 bestimmt ist, ist der betreffende Atomkern eindeutig als Xenonatomkern 124 (X_{54}^{124}) festgelegt. Daß zu dieser Festlegung *zwei* Konstanten nötig sind, kann als Hinweis betrachtet werden, daß die Atomkerne aus *zwei* Arten von Elementarteilchen aufgebaut sind; sonst wäre ja auch die Existenz isotoper Atomarten nicht möglich.

Aufbau der Atomkerne aus Protonen und Neutronen.

Nach der heutigen durch zahlreiche Experimente gestützten Anschauung sind diese Elementarbestandteile *die Protonen* und die *Neutronen*. Die in einem Atomkern vorhandene Zahl n_1 von Protonen bestimmt seine positive Kernladung Z und damit die Zahl der äußeren Elektronen, also seinen chemischen Charakter; enthält er außerdem noch n_2 Neutronen, so ist sein auf die nächstliegende ganze Zahl abgerundetes Atomgewicht A gleich der Summe $n_1 + n_2$. Also die Ordnungszahl Z gibt die Anzahl der im Atomkern vorhandenen Protonen an, die Differenz zwischen abgerundetem Atomgewicht und Kernladung $A - Z = n_2$ gibt die Zahl der vorhandenen Neutronen an. Z. B. besteht der mehrfach erwähnte Xenonatomkern vom Atomgewicht 124 und der Kernladung 54 aus 54 Protonen und $124 - 54 = 70$ Neutronen. Elektronen existieren nach dieser Auffassung im Kern nicht, weder negative noch positive.

Bedeutung des Massendefektes.

Die genaue Kenntnis der Atomgewichte gestattet indes nicht nur anzugeben, aus wieviel Elementarteilchen jeder Atomkern besteht, sondern ermöglicht auch Aussagen über die Energietönung, die mit dem Aufbau des Atomkerns verknüpft ist. Die Masse eines Atomkerns ist nämlich stets kleiner als die Summe der Einzelmassen der im Kern enthaltenen Protonen und Neutronen. Die Masse ist eben keine unveränderliche Größe, sondern sie ist nur eine spezielle Energieform und kann wie jede Energie, in andere Energieformen übergehen. Der Aufbau eines *stabilen* Atomkerns aus seinen Bestandteilen ist stets ein exothermer Prozeß, d. h. es wird hierbei Energie frei und die positive Energietönung dieses Prozesses ist durch den Massendefekt gegeben, also durch den Unterschied zwischen dem Atomgewicht des betreffenden Atomkerns und der Summe der Atomgewichte, der in ihm vereinigten Protonen und Neutronen. Über die Größe dieser Energietönung erhält man eine Orientierung, wenn man berücksichtigt, daß eine Masse m eine Energie E von solcher Größe darstellt, daß $mc^2 = E$ ist, wobei c die Lichtgeschwindigkeit bedeutet.

Z. B. entspricht einer Massenänderung von 0,01 Atomgewichtseinheiten eine Energieänderung von

$$\begin{aligned} & 9{,}3 \cdot 10^{6} \text{ (Elektronen) Volt} \\ = & 1{,}48 \cdot 10^{-5} \text{ erg} \\ = & 3{,}56 \cdot 10^{-13} \text{ cal.} \end{aligned}$$

Die Energieangabe in Elektronenvolt bedeutet dabei, daß für ein Elektron, das durch eine Spannung von $9{,}3 \cdot 10^{6}$ Volt beschleunigt wird, die Masse (durch die dem Elektron hierbei erteilte kinetische Energie) um 0,01 Atomgewichtseinheiten erhöht wird.

Daß das abgerundete Atomgewicht die richtige Anzahl der vorhandenen Protonen plus Neutronen zeigt, danken wir sozusagen einer glücklichen Intuition der Chemiker, vor allem Berzelius, der den Anstoß dafür gab, die Atomgewichtsbestimmungen auf Sauerstoff (gleich 16) zu beziehen. Hätte man die Atomgewichte auf Wasserstoff (gleich 1) bezogen, so hätte infolge des Massendefektes z. B.

Bi statt des Atomgewichtes 209,00 das Atomgewicht 207,3. Es ist daher berechtigt, für dieses abgerundete Atomgewicht einen besonderen Namen einzuführen. Es wird in Anlehnung an das englische Wort „mass number" als *Massenzahl* bezeichnet, wodurch zum Ausdruck kommt, daß es die Gesamtzahl der einen Kern aufbauenden Elementarteilchen (Protonen + Neutronen) angibt.

Künstliche Zertrümmerung.

Experimentelle Nachweise der Protonen u. Neutronen als Kernbestandteile.

Protonen und Neutronen sind durch zahlreiche Experimente als Atomkernbestandteile nachgewiesen. Alle verwendeten Nachweismethoden beruhen letzten Endes darauf, daß schnell bewegte Korpuskularteilchen beim Durchlaufen eines Gases, die getroffenen Gasmoleküle *direkt* oder wie die Neutronen *indirekt* längs einer durch ihre Energie bestimmten Strecke, die als Reichweite bezeichnet wird, ionisieren. Diese Ionisation kann dann entweder als Nebelbahn in einer Wilsonkammer sichtbar gemacht werden, oder sie wird durch Verwendung von Spitzenzählern bzw. Zählrohren mittels Verstärkerröhren so verstärkt, daß jeder Ionisationsstoß eines einzelnen Korpuskularteilchens von einem Zählwerk gezählt werden kann.

Künstliche Umwandlung mittels α-Strahlen.

Wir können auf verschiedenen Wegen aus schweren Kernen Protonen und Neutronen herausschlagen, wobei zugleich der ursprüngliche Atomkern in einen neuen *stabilen* Kern übergeht. Am längsten bekannt ist die von RUTHERFORD und seinen Schülern entdeckte Auslösung von *Protonen* durch Bombardieren mit α-Strahlen, z. B. beim Stickstoff

$$N_7^{14} + \alpha_2^4 \rightarrow O_8^{17} + H_1^1. \qquad (1)$$

Der Gleichung (1) liegt die Voraussetzung zugrunde, daß die Gesamtzahl der vorhandenen Ladungen (unterer Index), sowie die Gesamtzahl der vorhandenen Neutronen und Protonen, also die Summe der Massenzahlen (oberer Index), bei allen solchen Prozessen erhalten bleibt.

Der Vorgang verläuft so, daß das α-Teilchen im Kern eingefangen und ein Proton herausgeworfen wird. Es handelt sich hier also um einen *Aufbau*prozeß, denn der

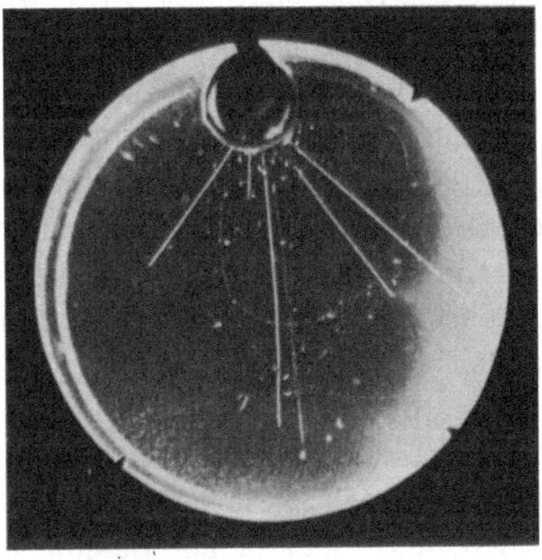

Abb. 1. Zertrümmerungsprotonen aus Aluminium.

entstehende Atomkern ist schwerer, enthält also mehr Elementarteilchen als der Ausgangskern.

Als zweites Beispiel sei hier das Aluminium angeführt, das durch Beschießen mit α-Strahlen in Si^{30} verwandelt werden kann.

$$Al_{13}^{27} + \alpha_2^4 \rightarrow Si_{14}^{30} + H_1^1. \qquad (2)$$

Diese künstliche Umwandlung ist in der nachstehenden Wilsonaufnahme (Abb. 1) erkenntlich, bei der die aus Al durch Po-α-Strahlen herausgeworfenen Protonen durch ihre Nebelbahnen sichtbar sind. Das Polonium befindet sich in einem in die Wilsonkammer eingeführten Zylinder, dessen Vorderhälfte durch eine so dicke Aluminiumfolie gebildet ist, daß α-Strahlen und etwaige aus Spuren vorhandenen Wasserstoffs durch Rückstoß erzeugte „natürliche H-Strahlen" nicht hindurchtreten können. Alle vom Aluminium ausgehenden Bahnen müssen daher durch aus dem Kern stammende Protonen erzeugt sein.

Umwandlungen der hier angegebenen Art, nämlich Einfangen eines α-Teilchens unter Abspaltung eines Protons sind mit Sicherheit nachgewiesen worden bei B, N, F, Na, Mg, Al und P. Da das α-Teilchen gegen das COULOMBsche Feld der Atomkerne anläuft, in die es eindringt, so ist es klar, daß die Eindringungswahrscheinlichkeit mit wachsender Ordnungszahl abnehmen muß. Die Einzelheiten dieses Eindringungsprozesses, zu dessen Behandlung die Quantenmechanik erforderlich ist, sind im zweiten Teil behandelt.

Entdeckung des Neutrons.

Die Existenz der *Neutronen* ist von CHADWICK zuerst bei Li, B und Be erkannt worden im Anschluß an Versuche von CURIE und JOLIOT. Diese hatten nämlich gezeigt, daß die von BOTHE und BECKER bei Beschießen des Be mit α-Strahlen beobachteten sehr durchdringenden Strahlen in Wasserstoff und Helium eine sehr starke Ionisation hervorrufen, indem sie die H- und He-Kerne in schnelle Bewegung versetzen. Die schnell bewegten Wasserstoff- und Heliumkerne konnten auch in der Wilsonkammer durch ihre Bahn sichtbar gemacht werden. Die Erzeugung schnell dahinfliegender Kerne kann aber nur durch Korpuskularteilchen erfolgen und das große Durchdringungsvermögen dieser Teilchen — sie waren noch nach Durchdringen mehrerer Zentimeter Blei nachweisbar — wies darauf hin, daß es sich um ungeladene Teilchen, eben Neutronen, handeln müsse. Wegen des Fehlens einer Ladung treten sie mit den äußeren Elektronen der Atome nicht in Wechselwirkung, sie ionisieren nicht, erzeugen also beim Durchlaufen der Wilsonkammer auch keine sichtbare

Nebelbahn. Ihre Wechselwirkung mit der Materie beruht nur darauf, daß sie gegen die Atom*kerne* stoßen und an diese Energie abgeben, wodurch die Atomkerne ihrerseits zu ionisieren vermögen. Außer den Neutronen treten bei dem Prozeß auch die von BOTHE und BECKER gefundenen sehr durchdringenden γ-Strahlen auf, sie sind aber sozusagen nur eine Begleiterscheinung des Vorgangs, deren Bedeutung später noch erörtert werden wird. Der Prozeß spielt sich ganz parallel dem vorher genannten ab:

$$\mathrm{Be}_4^9 + \alpha_2^4 \rightarrow \mathrm{C}_6^{12} + n_0^1. \tag{3}$$

Das α-Teilchen wird eingefangen, ein Neutron wird abgespalten.

Es besteht also wohl kein Zweifel, daß Protonen und Neutronen die Grundbausteine der Atomkerne darstellen.

Daneben treten aber sozusagen als sekundäre Einheiten noch Heliumkerne = α-Teilchen und vielleicht auch der schwere Wasserstoffkern H_1^2 (Deuton) auf. Daß die α-Teilchen Bestandteile der schweren Atomkerne sind, ist seit langem aus den radioaktiven Prozessen bekannt. Aber auch künstliche Umwandlungsprozesse unter Abspaltung von α-Teilchen aus stabilen Atomkernen sind heute schon zahlreich beobachtet, und zwar sowohl durch Beschießen mit Neutronen als mit Protonen.

Künstliche Umwandlung durch Neutronen.

Als Beispiel für Neutronenzertrümmerung unter α-Abspaltung sei hier der Prozeß angegeben

$$\mathrm{O}_8^{16} + n_0^1 \rightarrow \mathrm{C}_6^{13} + \alpha_2^4 \tag{4}$$

der in der Wilsonaufnahme der Abb. 2 zu sehen ist, bei der Be-Neutronen durch Sauerstoff liefen. Eines dieser Neutronen hat nach Gleichung (4) die Zertrümmerung eines Sauerstoffkerns hervorgerufen. Man sieht die lange Nebelbahn des herausgeworfenen α-Teilchens und die kurze Bahn des neu entstandenen C_6^{13}-Kerns; die Bahn des Neutrons ist aus den schon angegebenen Gründen nicht sichtbar. Dieser Vorgang ist ein wirklicher Zertrümmerungsprozeß, der entstehende Atomkern ist leichter als der ursprüngliche Kern.

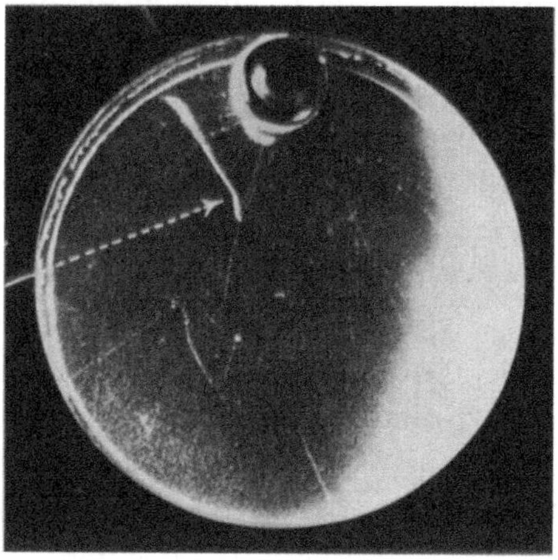

Abb. 2. Zertrümmerung von Sauerstoff durch Neutronen.

Künstliche Umwandlung durch Protonen.

Bei der Zertrümmerung durch Protonen (COCKROFT und WALTON) sind mit Ausnahme der Zertrümmerung von F nur solche Prozesse nachgewiesen, bei denen ein *nur* aus α-Teilchen aufgebauter Kern entstehen müßte, der aber aus energetischen Gründen nicht stabil wäre und daher in seine α-Bestandteile zerplatzt. Beispiele hierfür sind die Prozesse

$$\left.\begin{array}{l} Li_3^7 + H_1^1 \rightarrow 2\,\alpha \\ B_5^{11} + H_1^1 \rightarrow 3\,\alpha \end{array}\right\} \qquad (5)$$

Das *gleichzeitige* Auftreten von zwei α-Strahlen bei Li-Zertrümmerungen und drei α-Strahlen aus dem angegebenen Borprozeß ist von F. KIRCHNER und von DEE und WALTON in Wilsonaufnahmen bewiesen worden, wie die nachfolgenden Bilder (Abb. 3 und 4) zeigen. In der Abbildung 4 laufen zwei der aus Bor herausgeschlagenen α-Strahlen in entgegengesetzter Richtung. Der dritte *zugehörige* α-Strahl muß demnach eine sehr kleine Geschwindigkeit besitzen und ist daher *nicht* sichtbar. Daß

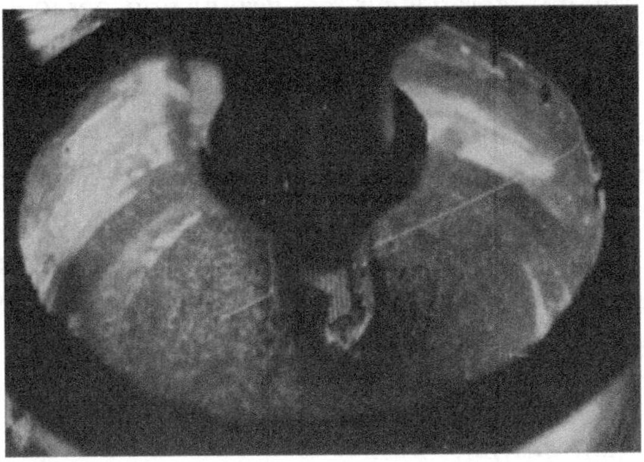

Abb. 3. Zerspaltung von Lithium durch Protonen in zwei Heliumkerne.

Abb. 4. Zerspaltung von Bor durch Protonen in drei Heliumkerne.

gerade diejenigen Elemente durch Protonen zertrümmerbar sind, die durch das H_1^1 ein neues α-Teilchen aufbauen können und daher zu ganzzahligen Vielfachen von α-Teilchen werden, wird verständlich, wenn man berücksichtigt, daß das α-Teilchen ein Gebilde mit sehr großem Massendefekt darstellt, seine Bildung also ein energetisch sehr günstiger

Vorgang ist, weil er mit sehr hoher exothermer Energietönung verknüpft ist. GAMOW hat speziell auf diesen Umstand verwiesen für die Deutung der Tatsache, daß Elemente mit gerader Ordnungszahl und geradem Atomgewicht so viel häufiger vorkommen als solche mit ungeraden Neutronen- oder Protonenzahlen.

Künstliche Umwandlung durch Deutonen.

Zertrümmerungen durch Deutonen (H_1^2) sind vor allem von amerikanischen Forschern untersucht worden (LAWRENCE, LAURITSEN, CRANE, TUVE, HAFSTAD, LIVINGSTON, HENDERSON) und in neuerer Zeit auch von RUTHERFORD und seinen Schülern. Als Beispiel seien die Prozesse angeführt

$$\left.\begin{array}{l} B_5^{11} + H_1^2 \rightarrow C_6^{12} + n \\ Li_3^6 + H_1^2 \rightarrow 2\,\alpha \end{array}\right\} \tag{6}$$

neben dem Prozeß

$$Li_3^6 + H_1^2 \rightarrow Li_3^7 + H_1^1.$$

Besonders hervorzuheben ist noch der Prozeß

$$H_1^2 + H_1^2 \rightarrow H_1^3 + H_1^1 \tag{6a}$$

der für Deutonen von $1 \cdot 10^6$ Volt Energie mit einer Ausbeute von 1:1000 erzielt wurde, d. h. von je 1000 auftreffenden Deutonen bewirkte eines den angegebenen Prozeß. Entsprechend den zwei Strahlenarten (Proton und H_1^3) wurden auch zwei Gruppen von Reichweiten von 14,3 cm und von 1,6 cm beobachtet. Die erstere gehört dem Proton, die letztere dem Wasserstoffisotop H_1^3 an. Durch Wilsonaufnahmen konnte gezeigt werden, daß je ein Kern mit großer und kleiner Reichweite nach entgegengesetzter Richtung ausgeschleudert wird, wie es der Impulssatz für das gleichzeitige Auftreten zweier Teilchen erfordert.

Daneben wurde aber noch ein zweiter Prozeß mit starker Neutronenemission beobachtet, der nach folgender Gleichung verläuft

$$H_1^2 + H_1^2 \rightarrow He_2^3 + n_0^1. \tag{6b}$$

Hier entsteht ein stabiler Heliumkern von der Masse 3 und ein Neutron, dessen Energie aus sekundär erzeugten Rückstoßkernen zu $2 \cdot 10^6$ Volt bestimmt wurde. Der Prozeß tritt schon für Deutonen von 20000 Volt Energie merklich auf und man hat in ihm eine Möglichkeit, sich eine starke Neutronenquelle herzustellen.

Das in (6a) aufgefundene neue Wasserstoffisotop H_1^3 ist neuerdings auch bei Entladungen in Wasserstoff auf massenspektroskopischem Wege mit Sicherheit als stabile Atomart festgestellt worden. Eine Suche nach dem stabilen He_2^3 nach denselben Methoden ergab gleichfalls ein positives Resultat, das aber wohl noch einer weiteren Bestätigung bedarf.

Bei *allen* hier betrachteten künstlichen Umwandlungsprozessen sind die neu entstehenden Atomkerne *stabil* und gehören [abgesehen von (6a) und (6b)] Atomarten an, die aus der Isotopenforschung bereits bekannt waren. Sie lassen sich schematisch als Austauschreaktionen darstellen, wenn man wieder die beiden Reaktionen (6a) und (6b) unberücksichtigt läßt, und zwar

$$\left.\begin{array}{ll} 1. & \alpha \rightleftarrows n_0^1 \\ 2. & \alpha \rightleftarrows H_1^1 \\ 3. & H_1^2 \rightarrow \alpha \\ 4. & H_1^2 \rightarrow H_1^1 \\ 5. & H_1^2 \rightarrow n \end{array}\right\} \qquad (7)$$

Der Austausch $H_1^1 \rightarrow \alpha$ ist bisher vor allem in der oben angegebenen Form des Zerplatzens in sämtliche Bestandteile bekannt, für die Reaktionen 3, 4 und 5 sind die Umkehrprozesse bisher überhaupt nicht beobachtet. Ebenso fehlen bei *dieser* Art der Umwandlung Prozesse der Form $n \rightleftarrows H_1^1$.

Energiebilanz der künstlichen Umwandlungsvorgänge.

Die Energiebilanz dieser Reaktionen, für die natürlich der Energiesatz (und der Impulssatz) gelten muß, läßt sich in derselben einfachen Weise darstellen, wie man in der gewöhnlichen Chemie die Energietönungen einer chemischen Umsetzung berechnet. Es bezeichne m_A die Masse des Ausgangsatomkerns A, m_B die des nach Ablauf der Reaktion vorhandenen neuen Kerns B, E_α^k, E_H^k, E_B^k die kinetische Energie des mit der Reaktion verknüpften α-Teilchens, Protons und neu entstandenen Kerns, m_α und m_H die Massen von α-Teilchen und Proton, Q die *nicht* als kinetische Energie auftretende, frei gewordene Energie. Alle Energien seien gleich in Massenäquivalenten eingesetzt. Dann gilt, z. B. für einen Prozeß von der Form der Gleichung (1) folgende Energiebeziehung

$$m_A + m_\alpha + E_\alpha = m_B + m_H + E_B + E_H + Q\,. \tag{8}$$

Die Größen m_A, m_α, m_B und m_H sind aus den Atomgewichten bekannt, ebenso ist die Energie E_α aus der Art der verwendeten α-Strahlenquelle gegeben, die Größe E_B (=Rückstoßenergie des neu entstandenen Kerns) und E_H lassen sich z. B. aus der Länge der zugehörigen Wilsonbahnen berechnen. Ist Q von Null verschieden, so bedeutet dies, daß der Prozeß unter Abgabe von γ-Strahlung erfolgt. D. h., der neugebildete stabile Kern entsteht im angeregten Zustand und geht durch γ-Strahlenemission in den Grundzustand über. Wir haben bei den gewöhnlichen chemischen Molekülen ganz analoge Vorgänge. Ein Molekül kann z. B. durch Dissoziation entweder in gewöhnliche Atome zerlegt werden, das entspricht dem obigen Fall für $Q = 0$, oder eines dieser Atome kann in einem angeregten Zustand entstehen und erst durch Emission einer optischen Linie in den Grundzustand übergehen ($Q > 0$). So einfach wie es hier dargestellt ist liegen die Verhältnisse nicht immer. Es ist bei den Kernumwandlungen häufig der Fall, daß zum *selben* Wert von E_α *verschiedene diskrete* E_H-Werte gehören, und dementsprechend *verschiedene diskrete* Q-Werte, der Wert Null miteinbegriffen. Das ist sehr deutlich in der Abb. 5 veranschaulicht, die

die durch praktisch homogene α-Strahlen aus Aluminium herausgeschlagenen Protonen zeigt. Die Abbildung läßt drei verschiedene Protonengruppen erkennen, eine energiearme Gruppe mit ganz kurzen Bahnen, eine mittlere

Abb. 5. Verschiedene Protonengruppen bei der Umwandlung von Al durch homogene α-Strahlen.

Gruppe und eine energiereiche Gruppe, zu der die längsten Bahnen gehören. Das gleiche gilt in entsprechender Abwandlung für die Zertrümmerung mittels Protonen oder Neutronen. Das Auftreten verschiedener diskreter Q-Werte bedeutet, daß die neu gebildeten Kerne in verschiedenen Anregungszuständen entstehen und daher beim Übergang in den Grundzustand ein Linienspektrum von

γ-Strahlen emittiert wird. Der nähere Zusammenhang der diskreten Protongruppen (bzw. Neutronen- oder α-Gruppen) mit der gleichzeitigen Emission von γ-Strahl*linien* ist im zweiten Teil behandelt.

Auch über die relative Wahrscheinlichkeit der angeführten Austauschreaktionen kann man durch energetische Überlegungen etwas aussagen. Das Einfangen eines Protons ist immer ein sehr stark exothermer Prozeß, denn die Masse des freien Protons ist 1,0072 [1], während ein Proton im Kern die Masse von höchstens 1,000 hat, d. h. es ist im Kern sehr fest gebunden. Das sieht man ohne weiteres ein, wenn man die Massen von Kernen vergleicht, die sich um ein Proton in ihrem Aufbau unterscheiden. Z. B. das Atomgewicht von C_6^{12} ist 12,0036, das von B_5^{11} 11,011; die Gewichtsdifferenz der beiden *Kerne* beträgt also 0,9926, d. h. das im C^{12} zum B^{11} neu hinzugekommene H_1^1 hat im Kern eine um rund 0,015 Masseneinheiten kleinere Masse und damit entsprechend der Energie- und Massenäquivalenz eine um $14 \cdot 10^6$ Volt kleinere Energie als im freien Zustand.

Diese Energie steht für die Umwandlung eines Kerns beim Einfangen eines Protons zur Verfügung, und es ist dies eine sehr große Energie. Das ist einer der Hauptgründe, warum Protonen von sehr kleiner kinetischer Energie wie 20000 Volt Umwandlungen hervorrufen können. Man hat eben in dem Massendefekt des Protons ein sehr großes Energiereservoir zur Verfügung. Weitere Gründe für die Bevorzugung der Protonen bringt der zweite Teil.

Ganz ähnlich liegen die Verhältnisse auch beim Neutron. Vergleicht man zwei benachbarte Isotope, die sich

[1] Anmerkung bei der Korrektur: Nach den neuesten Meßergebnissen sind die Massen der leichten Kerne wahrscheinlich etwas höher anzusetzen. Die in diesem Buch gezogenen Folgerungen werden davon nicht betroffen.

um *ein* Neutron im Aufbau unterscheiden, so ist die Atomgewichtsdifferenz immer höchstens gleich oder kleiner als 1. Die Masse des freien Neutrons dagegen, auf die später noch zurückgekommen werden soll, ist sicher nicht wesentlich verschieden von der des freien Protons.

Bei den α-Teilchen ist aber der Sachverhalt ein anderer. Das α-Teilchen hat im freien Zustand mit seiner relativ kleinen Masse von 4,0022 einen sehr großen Massendefekt, der etwa 30 Millionen Volt entspricht. Es ist also ein sehr stabiles Gebilde. Als Bestandteil der schwereren Kerne hingegen ist es relativ lose gebunden. Vergleichen wir zwei Kerne, die sich um ein α-Teilchen unterscheiden, wie etwa O^{16} und Ne^{20}, so ergibt sich die Atomgewichtsdifferenz zu 3,9967; der Unterschied gegenüber dem freien α-Teilchen beträgt im Energiemaß rund 5 Millionen Volt, also erheblich weniger als beim Proton. Schon aus diesem Grund müssen α-Teilchen, wenn sie zertrümmern sollen, größere Energien besitzen als Protonen; nach den Experimenten beträgt die untere Grenze etwa $2{,}5 \cdot 10^6$ Volt gegenüber 20000 Volt bei Protonen.

Daraus folgt, daß, in dem uns derzeit zur Verfügung stehenden Energiegebiet der α-Teilchen und Protonen, Austauschprozesse $H_1^1 \rightleftarrows \alpha$ leichter vor sich gehen werden, als Prozesse $H_1^1 \rightleftarrows n$. Die letzteren sind erst für hohe kinetische Energien der Protonen bzw. Neutronen zu erwarten und sind für Neutronen großer Energie auch tatsächlich beobachtet, allerdings nicht in den hier besprochenen Prozessen der Umwandlung unter *direkter* Bildung *stabiler* Atomkerne.

Künstliche Radioaktivität.

Neben diesen Prozessen der künstlichen Umwandlungen, bei denen *unmittelbar* stets bekannte *stabile* Atom- Künstliche Erzeugung radioaktiver

Atomkerne durch α-Strahlen.

kerne entstehen, sind nun im letzten Jahr durch CURIE und JOLIOT Prozesse künstlich erzeugter Radioaktivität entdeckt worden, bei denen sich zunächst eine *instabile* Atomart bildet, die erst durch einen nachfolgenden radioaktiven Zerfall unter Aussendung positiver Elektronen

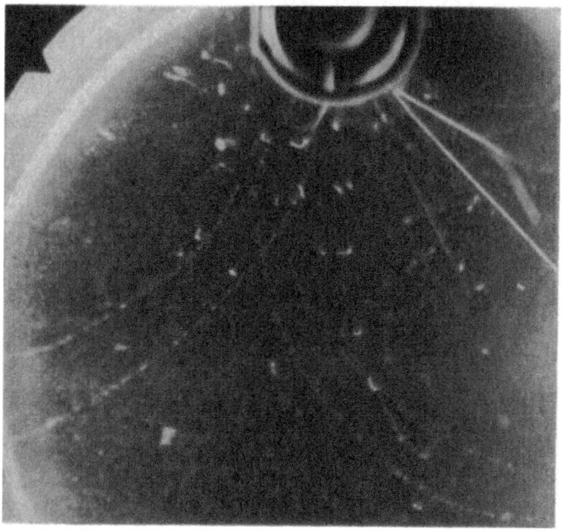

Abb. 6. Die zwei Umwandlungswege beim Aluminium.

zum *stabilen* Endprodukt führt. Z. B. zeigt Al neben dem Zerfallsprozeß nach Formel (2) auch die Reaktion:

$$\begin{array}{l} Al^{27}_{13} + \alpha^4_2 \rightarrow P^{30}_{15} + n^1_0 \\ \qquad\qquad\qquad\quad \searrow \\ \qquad\qquad\qquad\quad Si^{30}_{14} + e^+ \end{array} \qquad (9)$$

Der Atomkern P^{30}_{15} zerfällt genau wie die gewöhnlichen radioaktiven Elemente nach einem Exponentialgesetz in Si^{30}_{14}. Die Halbwertszeit beträgt in diesem Fall 3 Min. 15 Sek.

Die Abb. 6 zeigt diese beiden beim Al auftretenden Prozesse in einer Wilsonaufnahme. Man sieht die nach Formel (2) ausgelösten Protonen und die der Formel (9) entsprechenden positiven Elektronen. Die negativen Elektronen rühren von γ-Strahlen her.

Umwandlungsvorgänge dieser Art, also Einfangen des α-Teilchens bei gleichzeitiger Abspaltung eines Neutrons und Entstehung eines *instabilen* radioaktiven Kerns, der durch Emission eines Positrons in den stabilen Endkern übergeht, sind nur bei den leichten Elementen nachgewiesen, und zwar bisher bei B, N, F, Na, Mg, Al und P. Die dabei entstehenden radioaktiven Kerne sind N^{13}, F^{17}, Na^{22}, Al^{26}, Si^{27}, P^{30} und Cl^{34}. Allen diesen künstlich erzeugten radioaktiven Atomkernen ist gemeinsam, daß sie ein *kleineres* Atomgewicht haben als das zugehörige *leichteste stabile* Isotop. Daher gehen sie alle durch Positronenemission in einen Kern kleinerer Ordnungszahl über, und zwar bzw. in C^{13}, O^{17}, Ne^{22}, Mg^{26}, Al^{27}, Si^{30} und S^{34}.

Die Halbwertszeiten sind bekannt für N^{13}, F^{17}, Al^{26}, P^{30} und Cl^{34} und betragen bzw. 10,5 Min., 1,2 Min., 7 Sek., 3,25 Min., und 40 Min. Einen einheitlichen Gang der Lebensdauer lassen diese Zahlen nicht erkennen. Beim Na^{22} ist nicht entschieden, ob die Lebensdauer sehr kurz oder sehr lang ist. Das Energiespektrum der emittierten Positronen würde eher für das letztere sprechen.

Was im allgemeinen die Energie der emittierten Positronen betrifft, so liegen sie durchaus in den Gebieten wie die Energien der primären β-Strahlen gewöhnlicher radioaktiver Kerne und zeigen ebenso wie diese ein kontinuierlich verteiltes Energiespektrum mit einer entsprechend scharfen Grenze nach der Seite großer Energie und einer wahrscheinlichsten Energie bei etwa ein Drittel der Maximalenergie. Z. B. erstreckt sich das Positronenspektrum des P^{30} sicher von etwa 100 000 Volt bis ungefähr $3 \cdot 10^6$ Volt mit einem Intensitätsmaximum zwischen $8 \cdot 10^5 - 1 \cdot 10^6$ Volt.

Einen Sonderfall bildet das Mg insofern, als nach CURIE und JOLIOT hier auch noch der folgende Prozeß stattfindet

$$\begin{array}{l} Mg_{12}^{25} + \alpha_2^4 \rightarrow Al_{13}^{28} + H_1^1 \\ \qquad\qquad\qquad\quad \searrow \\ \qquad\qquad\qquad\quad Si_{14}^{28} + e^- \end{array} \tag{10}$$

Hier entsteht ein radioaktiver Aluminiumkern, der ein *größeres* Atomgewicht hat, als das stabile Al^{27} und daher durch Emission negativer Elektronen (= β-Strahlen), in das höhere Si_{14}^{28} übergeht (Halbwertszeit = 2,5 Min.).

Künstliche Erzeugung radioaktiver Atomkerne durch Neutronen.

Daß auch *Neutronen* zur Bildung von radioaktiven Atomkernen führen, haben vor allem FERMI und seine Mitarbeiter gezeigt. Da das Neutron keinerlei COULOMBsches Feld um sich hat, dringt es besonders leicht auch in schwere Atomkerne ein und die italienischen Forscher haben auch fast alle Elemente durch Neutronen in *radioaktive* Atomarten überführen können mit Ausnahme der leichten Elemente H, Li, B, C N, O und der schweren, Hg, Tl, Pb und Bi.

Bei diesen Umwandlungen durch Neutronen sind bisher drei verschiedene Übergangsprozesse nachgewiesen worden, die sich schematisch folgendermaßen darstellen lassen, wobei A das abgerundete Atomgewicht = Massenzahl, z die Kernladung bezeichnet.

$$\left.\begin{array}{ll} 1. & A^z + n \rightarrow (A-3)^{z-2} + \alpha \\ & \qquad\qquad\qquad \searrow \\ & \qquad\qquad\qquad (A-3)^{z-1} + e^- \\ 2. & A^z + n \rightarrow A^{z-1} + H_1^1 \\ & \qquad\qquad \searrow \\ & \qquad\qquad A^z + e^- \\ 3. & A^z + n \rightarrow (A+1)^z \rightarrow (A+1)^{z+1} + e^- \end{array}\right\} \tag{11}$$

Alle direkt entstehenden Kerne auf der rechten Seite dieser Gleichungen sind radioaktiv und gehen, wie die Pfeile anzeigen, unter Aussendung von β-Strahlen in

Kerne höherer Ordnungszahl über. Das ist auch leicht zu verstehen. Das Einfangen des Neutrons erhöht das Atomgewicht über das stabile (besonders, wenn ein α- oder H-Teilchen abgespalten wird) und durch die nachfolgende β-Emission wird die Kernladung dann wieder dem höheren Atomgewicht angepaßt.

Die Prozesse 1. und 2. treten, wie zu erwarten, nur bei relativ leichten Elementen auf, weil das abgespaltene α- oder H-Teilchen ja von innen gegen die Potentialschwelle des Atomkerns anlaufen muß und diese stark mit wachsender Kernladungszahl ansteigt. Aus demselben Grunde steigt bei konstanter Kernladung die Wahrscheinlichkeit dieser Prozesse mit wachsender Energie der zertrümmernden Neutronen.

Einfluß der Energie der Neutronen auf die Ausbeute an radioaktiven Atomkernen.

In Übereinstimmung hiermit konnte gezeigt werden, daß mit *langsamen* Neutronen, wie sie bei der Zerspaltung des Berylliums durch die γ-Strahlen des Radiums entstehen, die Prozesse 1. und 2. nicht auftreten. Die von SZILARD und CHALMERS nachgewiesene Zerspaltung des Be durch γ-Strahlen entspricht ja dem Prozeß $Be + E_\gamma \rightarrow 2\alpha + n$. Für die harten γ-Strahlen des RaC von rund $1{,}8 \cdot 10^6$ Volt Energie ist die maximale kinetische Energie der Neutronen um mindestens $8 \cdot 10^6$ Volt kleiner als bei Anregung der Be-Neutronen durch die α-Strahlen von RaEm + Zerfallsprodukte entsprechend der Formel (3). Diese kleinere kinetische Energie der Neutronen reicht also nicht mehr aus, um Prozesse zu erreichen, bei denen α- oder H-Teilchen aus dem Kern austreten sollen. Beobachtet sind diese Prozesse für *schnelle* Neutronen mit Sicherheit bis zum Zn. Man kann auch aus den *stabilen* Kernen sofort ablesen, wann der Prozeß 1 möglich ist und wann nicht, nämlich immer dann *nicht*, wenn *stabile*

Kerne von der Massendifferenz 3 und der Kernladungsdifferenz 2 vorhanden sind, wie z. B. Li_3^7 und B_5^{10}, Be_4^9 und C_6^{12} oder B_5^{11} und N_7^{14} usw.

Einfangen eines Neutrons im „Zweierstoß".

Der Prozeß 3 verdient eine besondere Erwähnung, weil er einen sog. Zweierstoß darstellt. Das Neutron wird hier eingefangen ohne *gleichzeitige* Abspaltung eines andern Teilchens und das bedeutet die bekannte Schwierigkeit, wie der entstehende Kern die überschüssige Energie los werden soll. Das Neutron muß, obwohl ihm gegenüber der Kern keine Potentialschwelle besitzt, in dem neuen radioaktiven Kern verbleiben können, so daß die überschüssige Energie ausgestrahlt wird und der radioaktive Zerfall ablaufen kann, ohne daß das Neutron den Kern wieder verläßt. Dieser Prozeß 3 ist für schnelle Neutronen nur bei den schwereren Elementen beobachtet. Vielleicht liegt dies daran, daß die schweren Kerne eine größere Zahl möglicher Anregungszustände besitzen und daher mehr Möglichkeiten bestehen, die Neutronenenergien aufzubrauchen. FERMI und Mitarbeiter haben in neueren Arbeiten festgestellt, daß dieser Prozeß sehr begünstigt wird, wenn die Neutronen *vor* dem Auffallen auf die umzuwandelnde Substanz durch wasserstoffreiche Materialien hindurchgehen. Man muß annehmen, daß die Neutronen beim Zusammenstoß mit Wasserstoffkernen wegen der praktischen Gleichheit der Massen viel Energie an die Protonen abgeben können und daher verlangsamt werden; *woraus man schließen kann, daß langsame Neutronen besonders befähigt sind im Zweierstoß eingefangen zu werden.*

Nachstehend seien einige Beispiele für die betrachteten drei Fälle angeführt. Der Verlauf der Prozesse ist bei vielen Elementen durch chemische Trennungen überprüft und bestätigt worden.

Beim Al sind alle drei Prozesse festgestellt, und zwar wie zu erwarten 1. und 2. *nur* mit schnellen Neutronen, der Prozeß 3 *nur* mit „abgebremsten" Neutronen.

$$\left.\begin{array}{l} Al_{13}^{27} + n_0^1 \rightarrow Na_{11}^{24} + \alpha_2^4 \\ \qquad\qquad\qquad \searrow Mg_{12}^{24} + e^- \\ Al_{13}^{27} + n_0^1 \rightarrow Mg_{12}^{27} + H_1^1 \\ \qquad\qquad\qquad \searrow Al_{13}^{27} + e^- \\ Al_{13}^{27} + n_0^1 \rightarrow Al_{13}^{28} \\ \qquad\qquad\qquad \searrow Si_{14}^{28} + e^- \end{array}\right\} \qquad (12)$$

Den drei verschiedenen Umwandlungsarten entsprechend sind auch drei Halbwertszeiten beobachtet worden, und zwar für den ersten Prozeß 15 Stunden, für den zweiten 10 ± 1 Min., für den dritten, der dem radioaktiven Al^{28} angehört, 2,5 Min. Ein β-strahlendes Al^{28} war aber auch durch α-Strahlen aus Mg^{25} erhalten worden (s. Formel 10) und der Identität der beiden Atomkerne entsprechend ist in beiden Fällen die gleiche Halbwertszeit festgestellt worden.

Chemischer Nachweis der angegebenen Atomkernreaktionen.

Außerdem konnte durch chemische Trennungen mit dem bestrahlten Aluminium gezeigt werden, daß die Aktivität von 15 Stunden den Reaktionen des Na, die von 10 Min. den Reaktionen des Mg folgt. Der kurzlebige Körper von 2,5 Min. ließ sich dagegen nicht vom Al abtrennen in Übereinstimmung mit der Annahme, daß er ein Isotop des Al darstellt.

Der Prozeß 3 ist bei sehr vielen schweren Elementen nachgewiesen, und zwar mit gewöhnlichen, nicht abgebremsten Neutronen vom Vanadin ab ($Z = 23$) bis zum Uran. Als Beispiel sei das Gold angeführt

$$\begin{array}{l} Au_{79}^{197} + n_0^1 \rightarrow Au_{79}^{198} \\ \qquad\qquad\qquad \searrow Hg_{80}^{198} + e^-. \end{array}$$

Auch hier ist durch eine besonders eingehende chemische Untersuchung von ERBACHER und PHILIPP die

Annahme bestätigt worden, daß der radioaktive Atomkern ein isotoper Goldkern ist.

Bei Abbremsung der Neutronen wurde der Prozeß 3 erstens auch bei leichteren Elementen erzwungen wie beim schon erwähnten Al oder beim Cl; außerdem wurde bei den schweren Elementen, wie bereits betont, eine zum Teil sehr erhebliche Verstärkung der Ausbeute erzielt, die z. B. beim Rh das 40fache des Effektes beträgt, der ohne Verlangsamung der Neutronen erhalten wird.

Bedeutung der Neutronengeschwindigkeit beim Zweierstoß.

Daß langsame Neutronen so viel wirksamer sind, obwohl das Neutron neben seiner kinetischen Energie einen großen Energieüberschuß in seiner Masse besitzt, beruht vor allem darauf, daß für langsame Neutronen die Stoßzeit, also die Zeit der Wechselwirkungsmöglichkeit mit dem Kern sehr verlängert wird. Denn diese Stoßzeit ist ja umgekehrt proportional der Geschwindigkeit des Neutrons. Andererseits muß aber auch die Anregungswahrscheinlichkeit des Kerns eine Rolle spielen, da ja die überschüssige Energie ausgestrahlt werden muß. Tatsächlich konnte bei vielen Zweierstoßprozessen eine begleitende γ-Strahlung nachgewiesen werden. Was nun die Anregungswahrscheinlichkeit betrifft, so wissen wir aus den Anregungsmöglichkeiten der Atome im optischen Gebiet, daß der Wirkungsquerschnitt, also die Ausbeute eines solchen Prozesses um so größer ist, je weniger *kinetische* Energie dabei umgesetzt wird. Das könnte auf den hier betrachteten Kernprozeß angewendet, einen zweiten Grund für die bevorzugte Wirksamkeit langsamer Neutronen geben.

Wirkungsquerschnitte der Neutronen.

Sehr auffallend ist bei der Wechselwirkung zwischen „abgebremsten" Neutronen und Atomkernen die absolute Größe der Wirkungsquerschnitte. Man kann diese direkt in der Weise messen, daß die Abnahme der Aktivierung eines bestimmten Elements z. B. Rh gemessen wird, wenn zwischen die durch Paraffin *verlangsamten* Neutronen und das zu aktivierende Rh verschiedene Substanzen gestellt werden. Derartige Versuche haben ergeben, daß die Wirkungsquerschnitte von Cl, Ag, Cd, Au, Hg in 10^{-24} cm² gemessen bzw. gleich sind 130, 100, 10000, 100 und 1000. Das heißt, daß ein verlangsamtes Neutron mit einem Atomkern je nach der Art desselben bis zu Abständen von $1 \cdot 10^{-11}$—$1 \cdot 10^{-10}$ cm in Wechselwirkung treten kann, also in Abständen, die sehr groß sind im Vergleich zu den Kernradien ($\sim 3 - 7 \cdot 10^{-13}$ cm). Da das Neutron kein elektrisches Feld besitzt, ist die Wechselwirkung mit den Kernen in so großen Entfernungen sehr merkwürdig. Daß auch Cd und Hg so große Wirkungsquerschnitte besitzen, obwohl sie durch Neutronen nicht nachweisbar radioaktiv werden, hängt vielleicht mit ihrer großen Zahl (8) stabiler isotoper Atomarten zusammen, weil das Einfangen eines Neutrons von einer stabilen isotopen Atomart zur andern führt, wobei vermutlich γ-Strahlen emittiert werden, indem zunächst angeregte Kerne entstehen. Diese Prozesse bieten daher eine Möglichkeit, und zwar die einzige Möglichkeit, das relative Häufigkeitsverhältnis der Isotopen eines Elements zu ändern.

Jedenfalls bedeutet aber die Wechselwirkung zwischen langsamem Neutron und Atomkern in so großen Entfernungen eine Erklärung dafür, daß ein Neutron sich lange Zeit innerhalb des Wirkungsbereichs des Kerns aufhalten kann und damit die Möglichkeit für den Zweierstoß unter Ausstrahlung der überschüssigen Energien gegeben wird.

Künstliche Radioaktivität beim Uran.

Von den schweren Elementen, bei denen durch Neutronen im Zweierstoß radioaktive Kerne erzeugt werden, verdient das Uran eine besondere Erwähnung. Es konnte hier nämlich nachgewiesen werden, daß bei diesem Vorgang sehr wahrscheinlich instabile Atomkerne von höherer Ordnungszahl als 92 entstehen, die Lebensdauern von 13 Min. bis zu einigen Tagen aufweisen. Für eine genaue Festlegung der Ordnungszahlen und eine Darlegung des genetischen Zusammenhangs der verschiedenen neuen Atomkerne reichen die bisherigen Versuche nicht aus.

Erzeugung radioaktiver Atomkerne durch Deutonen.

Radioaktive Kerne durch Beschießen mit *Deutonen* sind vor allem von den schon genannten amerikanischen Forschern erzielt worden. Erwähnt sei hier der Prozeß

$$\begin{array}{l} C_6^{12} + H_1^2 \rightarrow N_7^{13} + n_0^1 \\ \qquad\qquad\qquad \searrow \\ \qquad\qquad\qquad\quad C_6^{13} + e^+. \end{array} \tag{13}$$

Hier entsteht der radioaktive Kern N_7^{13} auf einem anderen Weg als bei der nach der Reaktionsgleichung (9) besprochenen Erzeugung durch Beschießung des Borkerns mit α-Strahlen und wieder ist für beide Wege die gleiche Zerfallskonstante für N_7^{13} erhalten worden. Die Reaktion 13 ist auch darum interessant, weil sie zeigt, wie sich aus einer Atomart eine schwerere isotope Atomart bilden kann.

Wahrscheinlichkeit der Bildung stabiler und radioaktiver Atomkerne.

Betrachtet man die Prozesse, die nach Schema (7), (9), (10) und (11) verlaufen, so erkennt man ohne weiteres, daß ein Austausch $n_0^1 \rightarrow \alpha$ und $\alpha \rightarrow H_1^1$ sowohl zu stabilen als zu instabilen Kernen führen kann. Man kann direkt aus den bekannten stabilen Isotopen die zu erwartenden Prozesse dieser Art voraussagen. Der Austausch $n \rightarrow H_1^1$ ist dagegen *nur* in der Form beobachtet, daß durch das Einfangen des Neutrons und Abspalten des Protons ein radioaktiver Kern entsteht, der durch β-Strahlenemission zum Ausgangskern zurückführt. Der Prozeß $H_1^1 \rightarrow n$ ist bisher mit Sicherheit überhaupt nicht nachgewiesen. Die Entstehung eines *stabilen* Kerns bei einem derartigen Prozeß würde das Auftreten direkt benachbarter stabiler Isobarer bedeuten, die anscheinend nicht vorhanden sind. Wäre ein solcher Prozeß mit Bildung eines *radioaktiven* Kerns möglich, der seinerseits unter Positronenemission zu einem stabilen Kern führt, so würde man wieder zum Ausgangskern zurückkommen. Würde der radioaktive Kern β-Strahlen aussenden, so entstände ein mit dem Ausgangskern isobarer Kern, dessen Ordnungszahl um zwei Einheiten größer ist. Da solche Isobare zum erstenmal bei Ar_{18}^{40} und Ca_{20}^{40} auftreten, so könnten erst in diesem Gebiet des periodischen Systems solche Prozesse erwartet werden, wozu wegen der relativ hohen Kernladungszahlen Protonen von beträchtlicher Energie nötig wären.

Alle bisher beobachteten angeregten radioaktiven Prozesse verlaufen wie gezeigt, entweder unter Abgabe positiver Elektronen oder unter Abspaltung negativer Elektronen. Künstlich erzeugte radioaktive Atomarten, die beim Zerfall schwere Teilchen, wie Protonen oder Neutronen oder α-Teilchen abgeben, sind vorläufig nicht gefunden worden.

Man kann wieder aus den bekannten stabilen Atomkernen ableiten, daß bei den leichten Kernen radioaktive Prozesse unter Abspaltung von α- oder H-Teilchen nicht zu erwarten sind und bei hohen Ordnungszahlen vermutlich die Energien nicht ausreichen, um eine Emission von Protonen oder α-Strahlen zu ermöglichen. Ein radioaktiver Prozeß unter Abspaltung von Neutronen ist, wegen des angenommenen Fehlens einer Potentialschwelle gegenüber Neutronen nicht zu erwarten.

Systematik der Atomkerne.

Die neuen radioaktiven Atomkerne können begreiflicherweise unter den durch die gewöhnliche Isotopenforschung festgestellten Atomarten nicht vertreten sein.

Übersicht über alle bisher bekannten Atomkerne.

Zu den bisher bekannten rund 200 stabilen Atomkernen innerhalb der 92 Elemente des periodischen Systems kommen also jetzt noch eine große Reihe radioaktiver Atomkerne. Das folgende Bild (Abb. 7) gibt eine Darstellung des periodischen Systems, die alle bisher beobachteten Atomarten, stabile und instabile, enthält. Das Bild umfaßt nur die Atomarten bis zum Kalzium. In dieser Darstellung ist als Abszisse die Ordnungszahl der Elemente, als Ordinate die Größe $n_2 - n_1$, d. h. der Überschuß der Neutronen über die Protonen in jedem Atomkern eingetragen. Die vollen Kreise bezeichnen die stabilen Atomarten, die Kreisringe die radioaktiven. Die Pfeile geben die Art der Prozesse an, durch die die Atomarten nach den bisherigen Experimenten ineinander übergeführt werden können.

Verschiedene Entstehungsmöglichkeiten für ein und denselben Atomkern.

Es ist dies sozusagen der Anfang einer Chemie der Atomkerne. Dabei ist es vielleicht interessant, folgende Tatsachen anzuführen. Ein und derselbe Atomkern kann durch verschiedene Prozesse gebildet werden, z. B. kennen wir heute 5 Reaktionen die zu dem radioaktiven Al^{28} führen, das unter Emission von negativen Elektronen in Si_{14}^{28} übergeht.

1. $Mg_{12}^{25} + \alpha_2^4 \rightarrow Al_{13}^{28} + H_1^1$
2. $Al_{13}^{27} + H_1^2 \rightarrow Al_{13}^{28} + H_1^1$
3. $Al_{13}^{27} + n_0^1 \rightarrow Al_{13}^{28}$
4. $Si_{14}^{28} + n_0^1 \rightarrow Al_{13}^{28} + H_1^1$
5. $P_{15}^{31} + n_0^1 \rightarrow Al_{13}^{28} + \alpha_2^4$.

Umgekehrt kann ein und derselbe Ausgangskern durch verschiedene Reaktionen in ganz verschiedene Kerne übergeführt werden, z. B.

$$Al_{13}^{27} + \alpha_2^4 \rightarrow Si_{14}^{30} + H_1^1$$
$$\text{oder} \rightarrow P_{15}^{30} + n_0^1$$
$$Al_{13}^{27} + H_1^2 \rightarrow Al_{13}^{28} + H_1^1$$
$$\left.\begin{array}{l} Al_{13}^{27} + n \rightarrow Na_{11}^{24} + \alpha_2^4 \\ \text{oder} \rightarrow Mg_{12}^{27} + H_1^1 \end{array}\right\} \text{für schnelle Neutronen}$$
$$\text{oder} \rightarrow Al_{13}^{28} \} \text{ für langsame Neutronen.}$$

Da die radioaktiven Atomkerne durch Elektronenemission in stabile übergehen, so ergibt sich auch für die

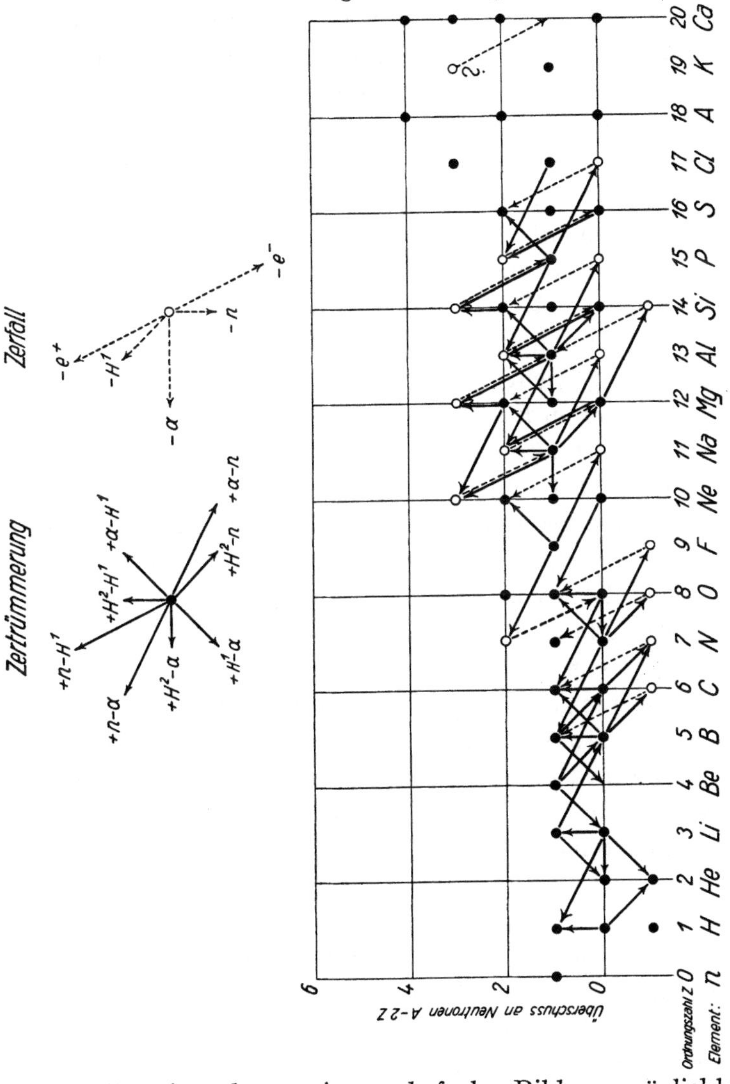

Abb. 7. Tafel der Atomkerne, der Zertrümmerungen und der künstlichen Radioaktivitäten. Vollkreise: stabile Isotopen, Leerkreise: radioaktive Isotopen, ausgezogene Pfeile: Zertrümmerungen, gestrichelte Pfeile: radioaktive Umwandlungen.

stabilen Atomkerne eine mehrfache Bildungsmöglichkeit, und zwar sowohl durch Aufbau als durch Abbauprozesse.

Z. B. bedeuten die 5 angegebenen Bildungsweisen für Al^{28} zugleich 5 Reaktionen für die Entstehung von Si^{28}.

Das macht es sehr wahrscheinlich, daß unsere stabilen Atomarten auf sehr mannigfachen Wegen entstanden sind, ähnlich wie man ein und dieselbe chemische Verbindung auf sehr verschiedenen Wegen herstellen kann. Durch diesen Umstand könnte vielleicht eine wechselseitige Beziehung zwischen den Isotopen benachbarter Elemente bedingt sein.

Änderung der Neutronen- und Protonenanzahl mit wachsender Kernladung.

Die Variation der Größe $n_2 - n_1$ in Abb. 7, d. h. der Überschuß der Neutronen über die Protonen gibt bei konstanter Ordnungszahl (Abszisse), also bei konstantem n_1 den Atomgewichtsbereich an, über den sich die Isotopen eines bestimmten Elements erstrecken. Ganz allgemein ist diese Differenz ein Maß dafür, inwieweit das Atomgewicht parallel der Ordnungszahl ansteigt. Für $n_2 - n_1 =$ Null, d. h. für Atomkerne, die ebenso viele Neutronen wie Protonen enthalten, ist das Atomgewicht immer doppelt so groß wie die Ordnungszahl, z. B. bei O_8^{16}. Atomkerne dieser Art gibt es bekanntlich nur bis zum Ca_{20}^{40}; jenseits von Ca_{20}^{40} steigt das Atomgewicht *ausnahmslos* schneller als die Ordnungszahl; n_2 ist *stets* größer als n_1, die Atomkerne haben immer mehr Neutronen als Protonen und der Gehalt an Neutronen steigt auch mit wachsender Ordnungszahl schneller an als der Gehalt an Protonen. Bei schweren Atomen, die aus vielen Elementarteilchen aufgebaut sind, ist offenbar zur Stabilisierung des Kernes ein größerer Überschuß der Neutronen über die Protonen nötig. Das Vorhandensein isotoper Atome zeigt aber, daß bei *gegebener* Protonenzahl mehrere stabile Konfigurationen mit ansteigender Neutronenzahl möglich sind, ähnlich wie in der gewöhnlichen Chemie etwa Verbindungen vom Typus $FeCl_3$ und $FeCl_2$.

Es ist verschiedentlich versucht worden, diesen zur *selben* Protonenzahl gehörigen Zahlenbereich von Neutronen mit der allmählichen Ausbildung geschlossener Neutronenschalen im Kern in Zusammenhang zu bringen. Daß die einen Kern aufbauenden Neutronen und Protonen ähnlich wie die äußeren Elektronen in diskreten Energiezuständen gebunden sind, ist sowohl durch die natürlichen radioaktiven Prozesse (definierte Energie der emittierten α-Teilchen, Emission von monochromatischen γ-Linien usw.) als auch durch die künstlichen Umwandlungsprozesse erwiesen. Was über solche Energieniveaus im einzelnen ausgesagt werden kann, wird im zweiten Teil behandelt.

Positive und negative Elektronen und ihre Entstehung.

Es wurden hier als Elementarteilchen der Kerne stets nur Protonen und Neutronen angeführt, obwohl wir ja Umwandlungsprozesse kennen, bei denen ein Atomkern unter Aussendung von positiven oder negativen Elektronen in einen neuen Kern übergeht. Es wird heute allgemein angenommen, daß Elektronen *innerhalb* der Kerne *nicht* existieren können. Es gibt sehr gewichtige experimentelle und theoretische Gründe hierfür. Es sei hier ein aus der Spektroskopie erhaltener Befund angeführt. Wenn die Atomkerne Elektronen enthielten, so müßte sich das in der sog. Hyperfeinstruktur der optischen Linien bemerkbar machen und eine sehr viel größere Aufspaltung der Hyperfeinstrukturlinien hervorrufen als tatsächlich beobachtet wird.

Hier zeigt sich also wieder die bedeutungsvolle Trennung zwischen Kern und Hülle, Elektronen existieren *nur außerhalb* des Kerns. Das Auftreten eines Elektrons (positives oder negatives) bei einem Kernprozeß wird folgendermaßen gedeutet. Ein Proton kann *innerhalb* eines *angeregten* Kerns in ein Neutron übergehen, dann verliert der Kern eine positive Ladung, was sich durch das Auftreten eines positiven Elektrons *außerhalb* des Kerns bemerkbar macht. Umgekehrt kann ein Neutron im *angeregten* Kern in ein Proton übergehen, der Kern gewinnt eine positive Ladung, es tritt ein negatives Elektron *außerhalb* des Kerns auf.

Also ein Übergang $H_1^1 \rightleftarrows n$ innerhalb angeregter Atomkerne wird durch das Auftreten positiver oder negativer Elektronen außerhalb der Kerne manifest. Eine radioaktive Umwandlung unter Emission von β-Strahlen (oder Positronen) bedeutet demnach, daß *innerhalb* der betreffenden Kerne Übergänge von Neutron zu Proton (oder umgekehrt) nach einem exponentiellen Zeitgesetz stattfinden, wobei die Wahrscheinlichkeit dieses Übergangs von der Größe der dabei frei werdenden Energie abhängt. Diese Energie erscheint in der Masse des erschaffenen β-Strahls, in seiner kinetischen Energie und evtl. in Form von γ-Strahlenenergie, falls bei dem Prozeß auch γ-Strahlen emittiert werden. Man kann also folgendes sagen: Wenn in einem angeregten Kern ein solcher Übergang von Neutron zu Proton oder umgekehrt stattfindet, so entsteht dabei ein stabilerer Zustand, derart, daß die Energie des neuen Kerns gegenüber der des Ausgangskerns mindestens um diejenige Energie kleiner ist, die der Masse des sozusagen erst erzeugten Elektrons und seiner kinetischen Energie entspricht. Schließt man sich dieser Auffassung an, so verliert die Frage ihren Sinn, welches von den beiden Teilchen Proton oder Neutron den letzten Elementarbaustein darstelle und welches als zusammengesetztes Gebilde aus Elementarbaustein und Elektron zu betrachten sei. Sie stehen gleichberechtigt nebeneinander und können bei Energiezufuhr ineinander übergehen, wobei, wie schon erwähnt, ein Elektron erschaffen wird. Diese „Erschaffung" von Elektronen hat ihre stärkste Anschaulichkeit durch die Tatsache erhalten, daß durch genügend energiereiche γ-Strahlen beim Durchlaufen von Materie „Elektronenzwillinge", nämlich paarweise ein positives und

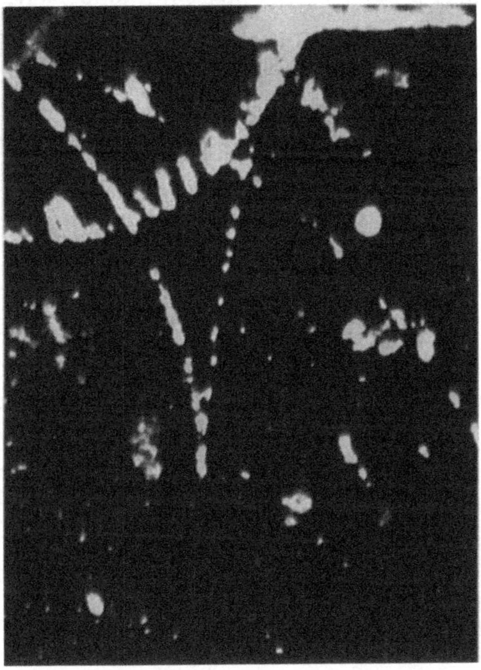

Abb. 8. Paarerzeugung durch γ-Strahlen.

ein negatives Elektron, erzeugt werden, wie die nachstehende Wilsonaufnahme (Abb. 8) erkennen läßt. Die Aufnahme, die einer Arbeit von CHADWICK BLACKETT und OCCHIALINI entnommen ist, ist im Magnetfeld gemacht und zeigt zwei im verschiedenen Umlaufssinn abgelenkte, von unten nach oben laufende Elektronenbahnen. Das diesen Bahnen zugehörige Elektronenpaar ist von γ-Strahlen an der Schnittstelle der beiden Bahnen erzeugt worden. Natürlich muß die Masse der beiden Elektronen und ihre kinetische Energie aus der Energie der γ-Strahlung gedeckt werden, d. h. *nur* γ-Strahlung, deren Energie größer ist als das Energieäquivalent der doppelten Elektronenmasse ($= 1 \cdot 10^6$ Volt) kann eine Paarerzeugung bewirken. Diese Folgerung ist auch experimentell bestätigt worden. Daß bei Erschaffung von Elektronen durch γ-Strahlen stets ein positives und ein negatives Elektron erzeugt werden muß, entspricht ebenso dem Satz von der Erhaltung der Gesamtladung, wie daß der Übergang Neutron → Proton *im* Kern das Auftreten eines negativen Elektrons *außerhalb* des Kerns bedingt.

Proton und Neutron als Elementarbestandteile. Sollen nun Proton und Neutron gleichberechtigte stabile Gebilde darstellen, so daß spontan *ohne* Energiezufuhr kein Übergang Proton → Neutron oder umgekehrt eintreten kann, so müssen sich ihre Massen um einen geringeren Betrag voneinander unterscheiden als der Masse eines Elektrons entspricht. Denn wegen der Äquivalenz von Masse und Energie würde ja sonst das Teilchen mit größerer Masse spontan in das mit kleinerer Masse unter gleichzeitiger Erzeugung eines (+ oder —) Elektrons übergehen. Die Masse des Protons ist gut bekannt, es ist daher von fundamentaler Bedeutung, auch die Masse des Neutrons genau zu kennen.

Masse des Neutrons. Es sind verschiedene Versuche gemacht worden, eine möglichst gute Bestimmung der Neutronenmasse zu ermöglichen. Der derzeit einzig gangbare Weg ist die Bestimmung der genauen Energietönung bei einem Kernumwandlungsprozeß entsprechend Gleichung (8). CHADWICK hatte ursprünglich zur Messung der Neutronenmasse den Prozeß der Umwandlung des B^{11} durch α-Strahlen zugrunde gelegt und hatte auf diesem Weg den Wert 1,0068 erhalten. Zu einer wesentlich anderen Neutronenmasse sind CURIE und JOLIOT unter Heranziehung der von ihnen entdeckten künstlichen radioaktiven Prozesse gelangt. Sie schließen aus der Energiebilanz bei diesen Prozessen auf eine Neutronenmasse von 1,010, also eine Masse, die größer ist als die Protonenmasse von 1,0072 ± 0,00015, und zwar so, daß die Differenz der beiden Massen hier erheblich größer als die Elektronenmasse wäre, so daß für diese Neutronenmasse das Neutron spontan in ein Proton übergehen müßte.

Neuerdings ist eine Bestimmung der Neutronenmasse auf die Tatsache gegründet worden, daß γ-Strahlen von $2{,}6 \cdot 10^6$ Volt Energie, den Atomkern H_1^2 in ein Neutron und ein Proton zu zerlegen vermögen. Die kinetische Energie der beiden Teilchen Neutron und Proton konnte aus der Reichweite der Protonen angenähert bestimmt werden. Die Masse des H_1^2 ist bekannt und ebenso die zugeführte γ-Strahlenenergie. Es ist also möglich, aus der Energiebilanz analog wie in Gleichung (8) die Masse des Neutrons zu berechnen. Sie ergibt sich hierbei zu 1,0080 ± 0,0005. Danach ist die Masse des Neutrons größer als die des Protons, und zwar um so viel größer, daß die Massendifferenz Neutron—Proton die Elektronenmasse schon etwas übersteigt. Unter Berücksichtigung der Fehlergrenzen könnte die Massendifferenz noch unter der Elektronenmasse liegen, so daß die Stabilitätsbedingung für beide Elementarteilchen gewahrt wäre. Sollte sich aber der Wert 1,0080 als exakt richtig erweisen, so folgt daraus, daß das Neutron nicht stabil ist und spontan in ein Proton übergeht. Allerdings würde dieser Übergang wegen der geringen frei werdenden Energie sehr langsam erfolgen und vielleicht nicht beobachtbar sein.

Bezüglich des allgemeinen Aufbauprinzips der schweren Kerne aus Protonen und Neutronen hat HEISENBERG Aufbauprinzip der Atomkerne.

gezeigt, daß man unter verhältnismäßig einfachen Annahmen ein Aufbaugesetz erhalten kann, das einige charakteristische Tatsachen im Verhalten der Atomkerne gut wiedergibt. HEISENBERG geht von der Vorstellung aus, daß für den Kernbau nur die anziehenden Kräfte, die in kleinem Abstand wirken, maßgebend sind und daß die Kräfte dieser Art zwischen Proton und Neutron größer sind als zwischen Neutron-Neutron oder Proton-Proton, so daß vor allem die Wechselwirkung Proton-Neutron ausschlaggebend ist. Die Art dieser Wechselwirkung ist eben durch die oben dargelegte Übergangsmöglichkeit von Neutron zu Proton oder umgekehrt unter Erschaffung von Elektronen bestimmt. Unter diesen Bedingungen ergibt sich sofort, daß der stabilste Aufbau (maximale Bindungsenergie) erreicht wird, wenn die Anzahl von Protonen und Neutronen einander gleich ist, Verhältnisse wie wir sie tatsächlich bis zum Ca^{40} beobachten. Bei schweren Kernen, wo die COULOMBsche Abstoßung zwischen den Protonen größer wird, ist zur Stabilisierung ein Überschuß von Neutronen über die Protonen nötig, wieder in Übereinstimmung mit dem schon angeführten schnelleren Anwachsen des Atomgewichtes mit steigender Ordnungszahl bei höheren Elementen.

HEISENBERG konnte auch die Gesamtenergie, die zum Aufbau der verschiedenen Atomkerne nötig ist, berechnen und daraus eine Kurve der Massendefekte konstruieren, die mit den experimentellen Werten der Massendefekte sehr gut vereinbar ist. Aus diesen Berechnungen lassen sich ferner die Gebiete angeben, innerhalb derer die gegen α- und β-Zerfall stabilen Kerne liegen bzw. in welchem Gebiet α- und in welchem Gebiet β-Zerfall zu erwarten ist. Das nachstehende Bild, Abb. 9, das einer Arbeit von GAMOW entnommen ist, zeigt diese Stabilitäts- bzw. Instabilitätsgebiete. Die Resultate stimmen qualitativ gut mit den Beobachtungen, zeigen aber gewisse systematische Abweichungen.

Durch die Entdeckung des Neutrons hat das periodische System eine Ergänzung und voraussichtlich einen Abschluß im Gebiet der kleinen Ordnungszahlen erhalten, denn das Neutron ist ja das Element mit der Ordnungszahl Null.

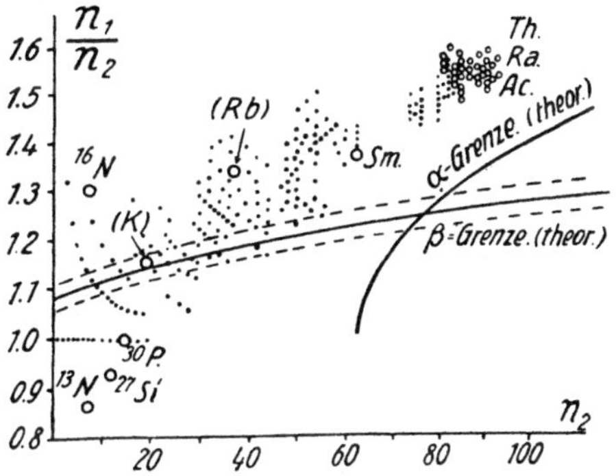

Abb. 9. Stabilitätsbereiche der Atomkerne gegenüber α- und β-Zerfall.

Im Gebiet der höchsten Ordnungszahlen sind alle Atomkerne instabil, also spontan radioaktiv, und zwar ohne Ausnahme von $Z = 84$ bis $Z = 92$. Daher ist zu erwarten, daß Atome mit noch höherer Kernladung als der des Urans auch instabil sein werden. Die beim Uran durch Beschießen mit Neutronen erhaltenen radioaktiven Atomkerne scheinen, wie schon erwähnt, Ordnungszahlen jenseits von $Z = 92$ anzugehören und bedeuten also eine Erweiterung des periodischen Systems in diesem Gebiet, deren Auswirkung heute noch nicht abzusehen ist.

Die große Bereicherung an radioaktiven Atomkernen bringt aber nicht nur eine sehr weitgehende Vertiefung unserer Kenntnisse über Kernvorgänge, sondern greift in ihrer Bedeutung auch in die Gebiete der Chemie und Biologie über. Denn die Methode der radioaktiven Indikatoren, durch die man an die chemischen Elementarprozesse herankommen kann und die bisher auf die Elemente der letzten Reihe des periodischen Systems beschränkt war, ist damit prinzipiell für fast alle Elemente anwendbar geworden. Und damit sind nicht nur neue Möglichkeiten für das Studium chemischer Reaktionen gegeben, sondern auch neue Wege für die biologische Forschung der Umsetzung und Wanderung der verschiedenen Stoffe im Organismus eröffnet.

II. Anwendung der Quantenmechanik auf den Atomkern.

Einleitung.

In den vorangehenden Abschnitten haben wir die Methoden und Ergebnisse der Kernforschung so weit kennengelernt, als zur Deutung der Experimente die Quantentheorie nicht erforderlich war. Wir haben die Typen der Atomkerne und der Zertrümmerungen beschrieben und zu ihrer Deutung die Erhaltungssätze, einerseits der Massenzahl und der Ladung, andererseits der Energie und des Impulses verwendet. Schließlich haben wir noch einen Hauptsatz der speziellen Relativitätstheorie, die Äquivalenz von Masse und Energie benutzt.

Um nun tiefer in die Struktur der Atomkerne und ihre Gesetze einzudringen, benötigen wir auf Schritt und Tritt die Gesetze der Quantentheorie, wie sie die Physik für die Untersuchung der äußeren Atomhülle entwickelt hat.

Die neuen Begriffe der Quantentheorie.

Vor allem müssen wir von dem Dualismus der Quantentheorie Gebrauch machen, der zur Veranschaulichung der physikalischen Vorgänge nicht *ein* einheitliches mechanisches Bild benutzt, sondern sich alternativ der *Wellenvorstellung* oder der Vorstellung von *bewegten Korpuskeln* bedient, je nachdem, ob es sich um *stationäre Zustände* und Übergänge zwischen diesen oder um Experimente handelt, bei denen die *Bahn der Teilchen* mit hoher Genauigkeit festgelegt ist. Für den ersten Fall ist die Wellenmechanik zuständig, die den Vorgang durch zeitlich und örtlich veränderliche *Wellenfunktionen* beschreibt.

Der Drehimpuls als Beispiel.

Wir wollen diese Zusammenhänge an einem Beispiel, das wir brauchen werden, und bei dem sich die Wellenmechanik mit Erfolg auf den Kern hat anwenden lassen, erläutern. Ein stabiler Atomkern befindet sich, wie man sagt, in einem *stationären Zustand.* In einem solchen Zustand hat zunächst einmal nach den Prinzipien der Quantentheorie die *Energie* einen ganz bestimmten, konstanten Wert, wie dies ja auch in der klassischen Physik für jedes abgeschlossene System der Fall ist. Da der Atomkern sich nun in erster Näherung in einem isotropen Raum befindet (damit meinen wir, daß die von außen auf ihn gerichteten Einflüsse keine Richtung auszeichnen), hat außerdem sein *Drehimpuls* oder Drall um eine Achse einen ganz *bestimmten,* konstanten Wert. Dies entspricht dem Flächensatz, der in der klassischen Punktmechanik für Zentralkräfte gilt (z. B. das zweite KEPPLERsche Gesetz der Planetenbewegung) oder dem Verhalten eines kardanisch aufgehängten Kreisels. Dagegen ist der Drehwinkel des Kernes um die Drehachse, der etwa durch die Orientierung seiner Hauptträgheitsachsen gegeben ist, völlig *unbestimmt.* Für den Winkel, der diese Orientierung festlegen soll, können wir in einem stationären Zustand keinen bestimmten Wert angeben, sondern nur eine Wahrscheinlichkeitsfunktion, eben die Wellenfunktion für den Drehwinkel in diesem Zustand. Von dieser Wellenfunktion müssen wir verlangen, daß sie *stetig, eindeutig* und *zeitunabhängig* sei, und daß sie einer bestimmten

Differentialgleichung, der Wellengleichung von SCHRÖDINGER, genüge. Die erstgenannten Forderungen zeichnen unter den Lösungen der Wellengleichung bestimmte Typen aus, nämlich diejenigen, bei denen gerade eine *ganze* Zahl von Wellenbergen auf den Vollwinkel um den Kern entfallen. Der Drehimpuls in einem bestimmten Zustand ist nun in der Quantenmechanik gleich dieser *Anzahl* Wellenberge, multipliziert mit dem Wirkungsquantum, er ist also, wie man sagt, *ganzzahlig gequantelt.*

Ein solcher Sachverhalt ist typisch für die Art der Aussagen, die man in der Atomtheorie machen kann. Ein Teil der mechanischen Größen hat feste Werte, ein anderer Teil ist nur statistisch durch die Wellenfunktion festgelegt. In welcher Weise diese Aufteilung zu erfolgen hat, hängt von der Art des physikalischen Vorgangs ab.

Der Drehimpuls als Quantenzahl des Kerns.

Die stabilen Kerne haben also außer ihrer bestimmten Energie, die durch den Massendefekt gemessen wird, auch einen bestimmten Drehimpuls und die Messung dieses Drehimpulses stellt einen eigenen Forschungszweig der Physik dar. Er äußert sich nämlich in folgender Weise. Befindet sich ein *Atom* in einem Zustand, dessen Drehimpuls nicht gleich Null ist, so ist die Wellenfunktion seiner Elektronen nicht symmetrisch um den Kern. Der Kern befindet sich deshalb nicht ganz und gar unter räumlich symmetrischen Einflüssen. Das führt dazu, daß auch die verschiedenen Orientierungen des Kerndrehimpulses nicht ganz gleichwertig sind. Es gibt verschiedene Quantenzustände, die sich durch die Orientierung des Kernes relativ zur Elektronenhülle unterscheiden. Und diese verschiedenen Quantenzustände sind uns in der Hyperfeinstruktur der Spektrallinien des Atoms direkt zugänglich. Auf diese Weise hat man bei zahlreichen

Kernen den Drehimpuls, den sie im Grundzustand haben, feststellen können.

Von einem Verständnis bezüglich des Zustandekommens dieser Drehimpulse bei den einzelnen Kernen sind wir aber noch weit entfernt.

Hier wie bei der Untersuchung der leichten Atomkerne stehen wir mit der Analyse der feineren Züge noch ganz und gar in den Anfängen, wir sind ja gerade erst dabei zu lernen, wie wir überhaupt in diesen Kernen Veränderungen hervorrufen können. Hier wächst das empirische Material von Tag zu Tag. Andererseits können wir sicher sein, daß nur bei den leichtesten Kernen die Verhältnisse schließlich so einfach liegen werden, daß sie sich restlos klären lassen. Bis es soweit ist, müssen wir uns mit dem begnügen, was man durch sorgfältige und mühselige Analyse bei den seit über 30 Jahren untersuchten natürlichen radioaktiven Substanzen herausbekommen hat. Diese Untersuchungen sind nicht so sehr interessant durch die Einzelheiten, die sie uns über die eine oder andere radioaktive Substanz lehren, sondern dadurch, daß sie uns lehren, *welche* physikalischen Begriffe und speziell *welche* Begriffe der Quantentheorie auch noch für den Kern mit Nutzen verwendet werden können.

Unsere weiteren Betrachtungen werden daher weder nach der Seite der historischen Entwicklung orientiert sein, noch nach der experimentellen Methode, vielmehr sollen sie einen systematischen Überblick über die verschiedenen Erscheinungen und über unsere Anschauung von ihrem Zusammenhang geben.

Die Radioaktivität.

Radioaktiv nennen wir eine Substanz, deren Atomkerne unter Aussendung irgendeiner Art von Partikeln in einen anderen Kerntyp übergehen, und zwar soll dieser (Das Zerfallsgesetz.)

Übergang, wie man sagt, spontan erfolgen, d. h., jedes Atom soll zerfallen ohne Mitwirkung anderer Atome oder äußerer Einflüsse, wie sie bei der Zertrümmerung vorhanden sind. Es handelt sich, wie der Chemiker sagen würde, um eine streng monomolekulare Reaktion. Für eine solche Reaktion gilt das Zerfallsgesetz, daß der Bruchteil der pro Zeiteinheit zerfallenden (d. h. die Reaktion ausführenden) Atome unabhängig von der Zeit ist, die seit der Entstehung der Ausgangssubstanz verflossen ist. Im strikten Gegensatz zu den monomolekularen Reaktionen des Chemikers ist aber der radioaktive Zerfall nicht durch Temperatur beeinflußbar. Hierin offenbart sich wieder der wesentliche Unterschied zwischen Kern- und Hüllenerscheinungen; dementsprechend sind auch unsere Anschauungen über die tieferen Zusammenhänge des Vorgangs in beiden Fällen ganz verschieden. Bei der monomolekularen Reaktion stellt sich der Chemiker vor, daß ein Molekül dann zerfällt, wenn es durch das zufällige Zusammentreffen vieler statistisch unabhängiger Ereignisse in den aktivierten Zustand versetzt worden ist. Beim radioaktiven Zerfall haben wir gelernt, daß es zwecklos ist, den Zerfallsprozeß noch in weitere Teilprozesse zu zerlegen. Wir betrachten ihn als Elementarprozeß im Sinne der Quantentheorie. Daß wir für das Eintreten dieses Elementarprozesses dann nur eine Wahrscheinlichkeitsaussage machen können, ist ein Grundzug der Quantentheorie. Wir treffen dieselbe Eigentümlichkeit wieder bei der Emission und Absorption von Licht in Atomen und bei vielen anderen Prozessen. Das radioaktive Zerfallsgesetz war früher bekannt als die Gesetze der Absorption und Emission des Lichtes. Es diente seinerzeit EINSTEIN dazu, die Einführung der Quantentheorie bei der Wechselwirkung des Lichtes mit den Atomen zu ermöglichen.

Natürliche und künstliche radioaktive Substanzen.

Analog wie eine chemische Substanz, die einer monomolekularen Reaktion folgt, einmal erzeugt werden mußte, müssen wir auch bei den radioaktiven Substanzen nach ihrer Entstehung fragen. Dabei treffen wir auf zwei Typen, die sich durch die Epoche der Entstehung unterscheiden. Die eine Gruppe entstand zusammen mit allen anderen Substanzen vor vielen Milliarden Jahren, als die physikalischen Bedingungen, unter denen sich die heute auf der Erde gefundenen Substanzen befanden, noch extrem andere waren. Die andere Gruppe entstand in den Jahren 1934—1935, als zuerst CURIE und JOLIOT und bald danach viele andere es unternahmen, jene extremen Bedingungen für einzelne Atome durch Beschießung mit α-Strahlen, Protonen, Deutonen oder Neutronen nachzuahmen, wie im ersten Abschnitt beschrieben. Auf diese Weise hatte man zwar schon lange Jahre Zertrümmerungen erzielt, man hatte aber früher nicht bemerkt, daß die entstehenden Kerne zuweilen radioaktiv sind. Der Unterschied zwischen der natürlichen und der künstlichen Radioaktivität ist also nicht so sehr ein physikalischer, als ein historischer. Die bisher aufgefundenen künstlich radioaktiven Substanzen haben alle Lebensdauern unterhalb eines Jahres. Sie würden also, wenn man jetzt mit ihrer Produktion aufhörte, in wenigen Jahren spurlos verschwunden sein. Daß die natürlichen Radioaktiven heute noch nach vielen Milliarden Jahren zu finden sind, liegt daran, daß jede von ihnen einen von drei sehr langlebigen Stammvätern hat, d. h. eine Ausgangsreaktion in der Sprache der Chemiker, nach deren Tempo sich alle Folgereaktionen richten müssen.

Vergleichen wir die Zerfallstypen, so zeigt sich ein weiterer Unterschied zwischen den natürlichen und den künstlichen Radioaktiven. Die natürlichen Radioaktiven emittieren entweder α-Partikel oder negative Elektronen, sog. primäre β-Strahlen. Unter den künstlich Radioaktiven hat man noch keine α-Strahler gefunden, dagegen gibt es eine ganze Reihe von künstlich Radioaktiven, die zwar auch positiv geladene Strahlen aussenden, aber nicht α-Partikel, sondern positive Elektronen. Nach dem oben Gesagten kann dieser Unterschied nicht von der Art der Entstehung abhängen. Er liegt vielmehr daran, daß die Atomgewichte und Ordnungszahlen der künstlich aktivierten im allgemeinen erheblich kleiner sind als bei den natürlichen und das hat seinen einfachen Grund darin, daß wir die physikalischen Bedingungen, die für die Erzeugung der natürlichen Radioaktiven nötig waren, noch nicht ganz erreichen. Wir sind noch beschränkt, außer bei der Zertrümmerung durch Neutronen, auf die künstliche Umwandlung der leichteren Elemente. Und diese haben eben, mit wenigen Ausnahmen, eine kürzere Lebensdauer und scheinen aus Gründen der inneren Struktur statt des α-Zerfallstyps den Zerfall unter Aussendung positiver Elektronen vorzuziehen.

Die γ-Strahlung.

Bisher haben wir in dieser Übersicht die γ-Strahlen noch nicht erwähnt. Ihre Beziehung zu den α- und β-Strahlen ist erst seit einigen Jahren im Prinzip geklärt. Wir wissen heute, daß die γ-Strahlen *nur unmittelbar nach* einem radioaktiven Prozeß ausgesandt werden können. Wir müssen uns vorstellen, daß der Atomkern nach Aussendung des Partikels sich nicht in seinem Grundzustand befindet, der ihm durch seine neue Massen- und Ladungszahl vorgeschrieben ist. Vielmehr befindet er sich zunächst in einem energetisch höher liegenden Quantenzustand und geht unter Aussendung von kurzwelliger γ-Strahlung, in den Grundzustand über, ganz analog wie wir es von angeregten Atomen kennen. Dieser ganze Vorstellungskreis der stationären Quantenzustände und der Übergänge zwischen ihnen hat sich bei den Atomkernen aufs beste bewährt. Vor allen Dingen gilt das aus der Atomtheorie bekannte RITZsche Kombinationsprinzip, demzufolge sämtliche γ-Strahlfrequenzen als Differenzen der Terme eines Termschemas auftreten.

Der α-Zerfall.

Nach diesem Überblick über die Typen und die Zusammenhänge zwischen den verschiedenen Arten der

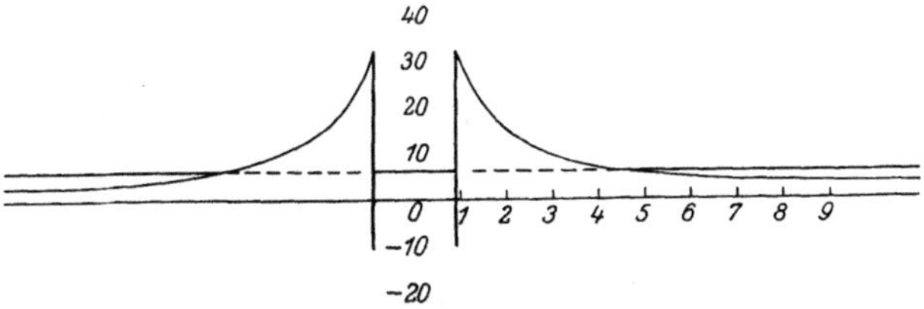

Abb. 10. *Wechselwirkungsenergie zwischen einem Kern und einem α-Partikel als Funktion des Abstands der beiden voneinander.* Den Zahlenwerten liegt eine Kernladung $Z = 90$ zugrunde. Die Abszisse mißt den Abstand in Einheiten von 10^{-13} cm, die Ordinate mißt die Energie in Einheiten von 10^6 e. Volt. Dabei rechnen wir die potentielle Energie in großen Abständen gleich Null. Wir haben das Energieniveau von 5 Mill. e. V., das ungefähr einer häufig vorkommenden Energie der α-Partikel entspricht, noch besonders markiert; man erkennt, daß ein solches Teilchen nach der klassischen Mechanik weder von innen nach außen (α-Zerfall), noch von außen nach innen gelangen könnte (Zertrümmerung durch Beschießen mit α-Partikel). Man sieht auch, daß der für die Berechnung des Zerfalls und der Zertrümmerung wichtige Teil des Potentialberges, nämlich der gestrichelte durch den *bekannten* Verlauf der COULOMBschen elektrostatischen Kräfte charakterisiert ist.

Radioaktivität wollen wir nun die einzelnen Zerfallsarten genauer betrachten und dabei mit dem α-Zerfall beginnen, der schon am weitesten von allen geklärt ist.

Wir haben schon vorher erwähnt, daß der einzelne α-Zerfallsprozeß als *Elementarprozeß* im Sinne der Quantentheorie aufgefaßt werden muß. Genauer gesagt, wir beschreiben den α-Zerfall als einen Quantensprung zwischen zwei quasi stationären Zuständen gleicher Energie. Der Anfangszustand ist der, bei dem sich das α-Partikel im Innern des Kerns befindet, im Endzustand hat das α-Partikel den Kern in unbestimmter Richtung aber mit wohldefinierter Geschwindigkeit bzw. Energie verlassen.

Das Kernmodell.

Den Grund dafür, daß die Übergangswahrscheinlichkeit zwischen diesen beiden Zuständen manchmal so extrem klein ist, daß der Atomkern Milliarden Jahre im Anfangszustand beharren kann, fanden GAMOW und CONDON und GURNEY im Jahre 1927, kurz nachdem die Wellenmechanik entdeckt war. Vor der Entdeckung der Wellenmechanik bestand eine wesentliche Schwierigkeit für die Erklärung des α-Zerfalls in folgender Tatsache. Das α-Partikel ist, wie alle Atomkerne, positiv geladen. Zwischen dem α-Partikel und dem Atomkern, den es beim Zerfall verläßt, bestehen deshalb abstoßende elektrostatische Kräfte, jedenfalls, wenn sie Abstände voneinander haben, die groß sind gegenüber dem Radius des Atomkerns. Diese bis zu sehr kleinen Abständen herunter wirkende sog. COULOMBsche Abstoßung war ja die große Entdeckung von RUTHERFORD, auf der überhaupt die ganze Vorstellung vom Kernatom basiert. Bei sehr kurzen Abständen zwischen Kern- und α-Partikel müssen nun offenbar die abstoßenden Kräfte zwischen Kern- und α-Partikel aufhören und durch eine starke Anziehung ersetzt werden, denn sonst ist nicht zu verstehen, daß das α-Partikel überhaupt einige Zeit im Kern bleibt. Diesen Sachverhalt stellt man gewöhnlich dar durch ein Diagramm, in dem die potentielle Energie zwischen α-Partikel und Kern als Funktion des Abstandes der beiden aufgetragen wird. Diese Potentialkurve hat die Form eines Kraters. Ein Loch in der Mitte, in dem sich das α-Partikel vor dem Zerfall befindet und flach abfallende Seiten entsprechend der COULOMBschen Abstoßung (s. Abb. 10). RUTHERFORD hatte nun festgestellt durch Streuung von α-Partikeln an Urankernen, daß die Höhe der Kraterwände größer sei als es der Energie des heraustretenden α-Partikels entspricht. Er schloß daraus, daß ein α-Partikel nicht ohne Veränderung des Kraftfeldes aus dem Kern heraustreten kann, denn nach der klassischen Mechanik ist es ja unmöglich, daß ein Partikel bestimmter Totalenergie an einen Ort gelangt, wo seine potentielle Energie größer wäre als seine Gesamtenergie. Dazu müßte seine kinetische Energie negativ werden, und das ist in der klassischen Mechanik ausgeschlossen.

Die quantenmechanische Formel.

Die Wellenmechanik faßt das Problem anders an. Da wir es mit Übergängen zwischen stationären Zuständen zu tun haben, müssen wir dem α-Teilchen in jedem der beiden Zustände nicht einen bestimmten *Ort*, sondern eine bestimmte *Wellenfunktion* zuschreiben. Der Betrag dieser Wellenfunktion bestimmt nur die Wahrscheinlichkeit, bei einer Messung des Ortes das α-Partikel an einem bestimmten Orte zu finden. Dies ist *ein* möglicher Gebrauch, den wir von der Wellenfunktion machen könnten. Er entspricht aber nicht unserm physikalischen Problem. Wir sind vielmehr an der Zerfallswahrscheinlichkeit interessiert, d. h. an der Wahrscheinlichkeit, daß sich das α-Partikel nach Ablauf einer bestimmten Zeit überhaupt irgendwo außerhalb des Kerns befindet. Das kommt in der Wellenmechanik darauf hinaus, die zeitliche Veränderung der Wellenfunktion, unabhängig von jeder äußeren Störung (wie sie eine Ortsmessung darstellen würde), zu untersuchen. Das mathematische Problem ist gewissen optischen Problemen analog, bei denen Lichtwellen, die auf *einer* Seite eines stark brechenden Mediums auffallen, zum allergrößten Teil reflektiert werden und nur zum kleinsten Teil hindurchkommen. Für die Durchführung der Rechnung in quantitativer Form ist entscheidend der Umstand, daß wir den Verlauf des Potentials über den größten und wichtigsten Teil des in Frage kommenden räumlichen Gebietes genau kennen, nämlich den COULOMBschen Teil, die seitlichen Hänge des GAMOWschen Kraters. Diese sind dem Experiment direkt zugänglich, dagegen können wir über das innere Kraterprofil nichts Bestimmtes sagen. Erfreulicherweise hängt aber das Resultat der Rechnung nicht wesentlich hiervon ab. Wir müssen nur einen mittleren Kernradius r_0 einführen. In der geschilderten Weise gelangt GAMOW nun zu der folgenden Formel, die die Zerfallskonstante λ mit der Geschwindigkeit v des α-Partikels verknüpft, wobei als weitere, den funktionellen Zusammenhang dieser beiden Größen bestimmende Parameter noch die Kernladung Z, die Ladung des α-Partikels $2e$ und seine Masse m, der Kernradius r_0, $\hbar = \frac{1}{2\pi}$ mal Wirkungsquantum und schließlich noch eine Größe Δi auftreten.

$$\lambda = \frac{8\pi\hbar}{m r_0^2} e^{-\frac{4\pi}{\hbar}\frac{(Z-2)e^2}{v} + \frac{4}{\hbar}\sqrt{4(Z-2)m e^2 r_0 - \hbar^2 \Delta i(\Delta i+1)}} \quad . \quad (1)$$

Das Δi kommt auf folgende Weise hinein: Da der α-Zerfall ohne äußere Beeinflussung des Kerns in einem isotropen Raum vor sich geht, bleibt bei diesem Prozeß auch der totale Drehimpuls erhalten. Unterscheidet sich nun der Drehimpuls des Kernes unmittelbar vor dem Zerfall von dem Drehimpuls des Folgekerns unmittelbar nach der Abtrennung des α-Teilchens, um den Betrag Δi, so muß das herausgehende α-Partikel den entgegengesetzten Drehimpuls relativ zum gemeinsamen Schwerpunkt besitzen. Das äußert sich in der Wellenmechanik so, daß die Wellenfunktion des α-Partikels nicht mehr wie beim Drehimpuls Null symmetrisch um den Kern als Zentrum ist, sondern in bestimmter Weise unsymmetrisch. Diese Veränderung der Wellenfunktion hat naturgemäß Einfluß auf die Rate des Durchsickerns der Welle durch den Potentialberg, und zwar ist die Zerfallsrate um so kleiner, je größer Δi ist. Andererseits zeigt die Formel, daß die Zerfallskonstante außerordentlich stark, nämlich exponentiell von der Geschwindigkeit des α-Partikels abhängt. Vergleichen wir nun etwa die Wahrscheinlichkeit zweier Zerfallsprozesse, von denen der eine den Folgekern im Grundzustand läßt, der andere in einem energetisch höher liegenden, angeregten Zustand (so daß das α-Partikel für sein Heraustreten weniger Energie zur Verfügung hat), so wird die Wahrscheinlichkeit des zweiten Prozesses im allgemeinen viel geringer sein. Im allgemeinen werden wir also erwarten, daß beim α-Zerfall der Folgekern sich im Grundzustand befindet. Eine Ausnahme tritt dann ein, wenn der Grundzustand des Folgekerns einen anderen Drehimpuls hat als der Ausgangskern, dann kann es sein, daß auch die Zerfallswahrscheinlichkeit nach einem *angeregten* Zustand des Folgekerns mit der ersten vergleichbar wird und wir beide Prozesse nebeneinander bekommen. Im Experiment äußert sich das darin, daß erstens hier statt *einer* Gruppe von α-Partikeln zwei oder mehrere energetisch dicht beieinander liegende auftreten, aus deren Energieunterschieden wir unmittelbar einen Ausschnitt des Niveauschemas des Folgekerns entnehmen können. Zweitens müssen wir erwarten, daß *die* α-Zerfälle, die zu angeregten Folgekernen führten, eine γ-Strahlung nach sich ziehen, deren Frequenzen sich aus dem vorhin genannten Niveauschema ablesen lassen. Alle diese Vorstellungen haben sich bei der Analyse der sog. Feinstruktur der

Die Feinstruktur der α-Strahlen.

α-Strahlen vieler Elemente und bei dem Vergleich mit den zugehörigen γ-Spektren aufs beste bewährt. Als Beispiel geben wir die neuesten Resultate über die Feinstruktur der α-Strahlen von ThC (die ROSENBLUM 1932 entdeckte) und die direkt nach diesem Zerfall ausgesandten γ-Strahlen. Das ThC emittiert fünf Gruppen von α-Strahlen mit den Zerfallsenergien:

Gruppe	Energien in Mill. e. V.
α_1	6,201
α_2	6,161
α_3	5,873
α_4	5,729
α_5	5,709

Die Gruppe größter Energie, α_1, läßt den Folgekern (ThC″) im Grundzustand, die anderen lassen ihn in verschiedenen angeregten Niveaus, deren Energien man direkt aus der eben gegebenen Liste durch Differenzbildung ermittelt. Wir erhalten also fünf Niveaus des Folgekerns:

Niveau	Energie
0	0
1	0,040
2	0,328
3	0,472
4	0,492

Die Differenzen dieser Niveaus müssen nun nach der BOHRschen Beziehung

$$E_n - E_m = h\nu$$

mit den Energien der γ-Strahlquanten übereinstimmen. Experimentell ergibt sich folgende wahrhaft glänzende Übereinstimmung:

	$E_m - E_n$	$h\nu$ (exper.)
$E_1 - E_0$	0,040	0,040
$E_2 - E_0$	0,328	0,327
$E_3 - E_0$	0,472	0,471
$E_4 - E_0$	0,492	—
$E_2 - E_1$	0,288	0,287
$E_3 - E_1$	0,432	0,432
$E_4 - E_1$	0,452	0,451
$E_3 - E_2$	0,144	—
$E_4 - E_2$	0,164	—

Die weitreichenden α-Strahlen.

Bei den α-Zerfällen, die direkt auf einen β-Zerfall folgen, tritt noch eine andere Besonderheit auf. Auch beim β-Zerfall, und hier sogar besonders häufig, finden wir, daß der Folgekern sich in einem hochangeregten Zustand befindet. Von diesem angeregten Zustand wird der Kern im allgemeinen zum

Grundzustand unter γ-Strahlung übergehen, bevor er sich zum α-Zerfall anschickt, denn die Wahrscheinlichkeit eines γ-Überganges ist im allgemeinen um sehr viele Zehnerpotenzen größer als die eines α-Zerfalls. Aber auch hiervon gibt es Ausnahmen. Wenn der vorangehende β-Zerfall den Kern sehr hoch angeregt hat, ist der nachfolgende α-Zerfall *direkt von diesem angeregten Zustand aus* deshalb stark begünstigt, weil dem heraustretenden α-Partikel die Energie dieser Anregung für den Zerfall zur Verfügung steht und dadurch die Zerfallskonstante vom oberen Zustand aus sehr viel größer wird als vom Grundzustand. In einigen Fällen wird durch solche Umstände der α-Zerfall vom angeregten Zustand zwar noch nicht gleich wahrscheinlich mit der γ-Strahlung, aber doch nur zehntausendmal kleiner, so daß in einem Zehntausendstel der Fälle sog. *weitreichende α-Strahlen* auftreten, deren Energieüberschuß gegenüber der normalen Reichweitegruppe gleich der Energie der γ-Strahlung sein muß. Auch dieser von GAMOW geklärte Zusammenhang hat sich beim Vergleich mit der Erfahrung aufs beste bewährt. Z. B. war seit langem bekannt, daß das RaC′, das durch einen β-Zerfall aus RaC entsteht, außer der „normalen" α-Strahlgruppe mit einer Zerfallsenergie von 7,829 Millionen e. V. auch mit geringer relativer Häufigkeit (etwa 1 in 50000) α-Strahlen größerer Energie emittiert. Die neueste Untersuchung dieser α-Strahlen in Cambridge mit Hilfe eines eigens hierzu konstruierten großen Magneten hat ergeben, daß in Wirklichkeit zwölf zum Teil sehr schwache Gruppen von α-Strahlen da sind, deren Reichweite größer ist als die normale. Ihre Energiedifferenz gegenüber der Normalenergie deuten wir als Anregungsenergie des zerfallenden RaC′-Kerns. So erhalten wir dreizehn Energieniveaus dieses Kerns, nämlich

Niveau	Energie in Mill. e. V.
0	0,000
1	0,608
2	1,283
3	1,412
4	1,663
5	1,874
6	2,015
7	2,138
8	2,268
9	2,439
10	2,513
11	2,697
12	2,880

Zwischen dreizehn Niveaus gibt es nun natürlich eine große Anzahl Kombinationen, nämlich 78, und in der Tat ist das Spektrum der γ-Strahlen, die nach dem β-Zerfall ausgesandt werden, der von RaC zu RaC′ führt, sehr linienreich. Einzelne dieser γ-Linien stimmen auch ganz ausgezeichnet mit den Differenzen der gefundenen Niveaus überein, andere dagegen nicht. Für diese muß man noch weitere Niveaus annehmen, die nicht zu weitreichenden α-Strahlen Anlaß geben. Eine solche Annahme ist völlig gerechtfertigt und notwendig, sie zeigt eine neue, in der Natur der Dinge liegende Komplikation, die die Analyse erschwert.

Resultate über Termschemata.

Zur Veranschaulichung der Ergebnisse dieser verschiedenen Verfahren, mit deren Hilfe man auf die Termschemata der Atomkerne zurückschließen kann, bringen wir in der Abb. 11 eine Zusammenstellung aller auf diese Weise bei verschiedenen Atomkernen bisher ermittelten Energieniveaus. Dabei haben wir die Kerne zunächst nach zunehmender Massenzahl geordnet und, falls mehrere Kerne derselben Massenzahl untersucht sind, diese nach zunehmender Ladungszahl angeordnet. Diese Termschemata schauen zunächst außerordentlich verschiedenartig aus. Die Verschiedenartigkeit ist aber wahrscheinlich nicht durch die verschiedene Kernstruktur bedingt, sondern durch die spezielle Art der Anregung des Atomkerns. Anders als bei Atomen, deren Spektren wir durch den Wechsel der Anregungsbedingungen nach allen Richtungen hin untersuchen können, sind wir ja bei den Atomkernen auf die von der Natur selbst im natürlichen radioaktiven Zerfall geleistete Anregung angewiesen. So lange wir also diese Anregung nicht künstlich nachahmen und variieren können, werden wir kaum tiefere Einblicke in die Kern-

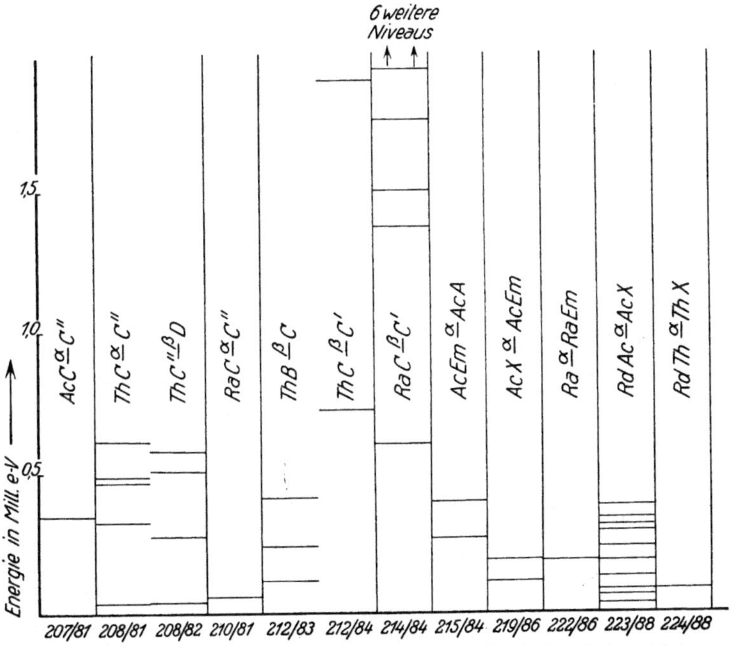

Abb. 11. *Niveauschemata verschiedener Kerne*, ermittelt durch kombinierte Analyse der Feinstruktur der α-Strahlen, der weitreichenden α-Strahlen und der γ-Strahlen. Für jedes Niveauschema sind *Massenzahl* und *Ordnungszahl* des betreffenden Kernes angegeben. Außerdem der radioaktive Zerfall, dem der Folgekern die Anregung verdankt. Kerne verschiedener Massenzahl sind durch senkrechte Striche getrennt.

struktur gewinnen. Eine beliebige Anregung kommt aber bei den schweren Kernen kaum in Frage. Auch hier müssen wir die weitere Förderung von der Untersuchung der leichten Kerne erwarten.

Wie wir im ersten Teil gesehen haben, tritt ja auch bei *Zertrümmerungen* häufig eine γ-Strahlung auf. Ist das

Zertrümmerungsprodukt nicht radioaktiv, dann wurde die γ-Strahlung sicher direkt nach der Zertrümmerung ausgesandt und rührt daher, daß bei der Zertrümmerung der neue Kern nicht im Grundzustand, sondern in einem angeregten Zustand entstand. Diese Anregung muß auf Kosten der Energie des davonfliegenden Atomtrümmers gehen, daher finden wir unter den Atomtrümmern Gruppen verschiedener Reichweite, deren Energieunterschiede den Termdifferenzen des neu geschaffenen Kerns entsprechen. Durch eine kombinierte Untersuchung der Reichweitegruppen der Trümmer und der γ-Strahlen kann man so bei leichten Kernen zu Schlüssen über ihre Anregungsstufen gelangen. Wir haben die Ergebnisse dieser Untersuchungen nicht in einer Figur analog zu Abb. 11 zusammengestellt, weil sie noch zu spärlich und ungenau sind.

Die Wahrscheinlichkeit einer Zertrümmerung.

Die Formel (1), die den radioaktiven α-Zerfall so befriedigend beschreibt, ist noch in anderer Hinsicht sehr wichtig. Sie gilt nämlich in fast genau derselben Form für den umgekehrten Prozeß, das Eindringen eines geladenen Teilchens von außen in den Atomkern. Von diesem Eindringen hängt die Möglichkeit der Zertrümmerung durch Beschießen mit geladenen Teilchen ab. Die Formel zeigt zunächst, daß die Wahrscheinlichkeit des Eindringens mit zunehmender *Kernladung* exponentiell abnimmt. Daran liegt es, daß wir schwere Kerne bisher mit α-Partikeln oder Protonen noch nicht zertrümmern konnten. Weiter nimmt die Ausbeute, gemäß der Formel (1), mit abnehmender Energie sehr rasch ab, deshalb müssen wir die energiereichen α-Strahlen der radioaktiven Substanzen bzw. die Protonen der Hochspannungsanlagen benutzen, um eine merkliche Ausbeute zu bekommen. Die ungeladenen Neutronen zeigen ein ganz anderes Verhalten. Nach den neuesten Erfahrungen zertrümmern sie in vielen

Fällen sogar um so besser, je kleiner ihre Geschwindigkeit ist. Schließlich zeigt Formel (1), daß die Ausbeute in erster Linie von der *Geschwindigkeit* abhängt und nicht von der *Energie*, deshalb können Protonen von einigen hunderttausend Volt Energie ebensogut und oft besser zertrümmern als die α-Partikeln von einigen Millionen Volt Energie. Diese letzteren haben eben bei gleicher Geschwindigkeit eine viermal größere Energie. Diese Begünstigung der Protonen wird noch sehr verstärkt dadurch, daß ihre Ladung nur halb so groß ist als die der α-Partikel. Dadurch wird die potentielle Energie des eindringenden Teilchens in der Nähe des Kerns auch nur halb so groß. Auch diesen Umstand gestattet die Formel (1) quantitativ zu berücksichtigen.

Der β-Zerfall.

Beim radioaktiven β-Zerfall, d. h. der spontanen Aussendung eines positiven oder negativen Elektrons durch den Kern, liegen die Dinge noch lange nicht so klar wie beim α-Zerfall. Das Problem liegt vor allem darin, den Zusammenhang zwischen den Zerfallskonstanten, den Energien und der Struktur der emittierenden Kerne zu ermitteln. In mancher Hinsicht zeigt die β-Strahlung mehr Verwandtschaft mit der γ-Strahlung, d. h. der Aussendung von Lichtquanten. Nur ist die Lebensdauer der β-Strahler um viele Zehnerpotenzen größer als die der nur energetisch angeregten Kernzustände. Sie liegt im allgemeinen zwischen einigen Sekunden und einigen Jahren. Die Analogie zur Aussendung von Lichtquanten liegt vor allem darin, daß es sich, wie schon im ersten Teil erwähnt, auch bei der β-Strahlung als vorteilhaft erwiesen hat, die herauskommenden Teilchen, nämlich die Elektronen, *als beim Zerfall entstanden zu denken.* Auch bei einem angeregten

Vergleich mit der Emission von Lichtquanten.

Wasserstoffatom sagen wir ja nicht, das Atom bestehe aus einem Kern, einem Elektron und einem Lichtquant, sondern wir stellen uns vor, daß das Lichtquant erst beim Übergang des Atoms zwischen zwei angeregten Zuständen entsteht. Analog sagen wir, daß ein β-Strahler bei der Aussendung eines Elektrons aus *einem* elektrischen Ladungszustand zu dem um eine Elementarladung höheren Ladungszustand übergeht, und daß dabei ein negatives Elektron entsteht und ausgesandt wird. Beim β-Zerfall hat aber ein besonders merkwürdiger Umstand die Physiker noch zu einer besonderen Hilfshypothese gezwungen. Es hat sich nämlich gezeigt, daß bei einer bestimmten β-strahlenden Substanz nicht alle Kerne ihre Elektronen mit derselben Energie herausschicken. Vielmehr sind die Energien über ein weites Gebiet verteilt. Das Energiespektrum beginnt in der Nähe von Null, steigt zu einem Maximum, das für die betreffende Substanz charakteristisch ist und fällt dann ab, um bei einer bestimmten oberen Grenze, die ebenfalls charakteristisch ist, abzubrechen. Da wir andererseits gezwungen sind anzunehmen, daß die Kerne der Substanz vorher alle die gleiche Energie hatten, und daß sie sich auch nachher nicht voneinander unterscheiden, müssen wir nach einem Vorgang suchen, der die Unterschiede der Energie in den einzelnen Fällen kompensiert. Man nimmt deshalb an, daß bei jedem β-Zerfall außer dem Elektron noch ein zweites, nicht ionisierendes, sehr leichtes Teilchen, ein sog. *Neutrino*, den Kern verläßt, dessen Energie zusammen mit der des Elektrons gleich dem Energieunterschied des Ausgangs- und des Folgekerns ist. Diese Summe der Energien des Elektrons und des Neutrinos ist also die eigentliche *Zerfallsenergie.* Sie ist zu entnehmen aus der oberen Grenze des β-Spektrums, für diese schnellsten Elektronen ist die

Die Neutrino-Hypothese.

Energie des Neutrinos gleich Null. Zwischen der Zerfallsenergie und der Zerfallskonstante besteht nicht, wie beim α-Zerfall, ein einfacher funktioneller Zusammenhang (s. Abb. 12). Darauf kommen wir gleich zurück.

Die β-Strahlung soll also nicht ein einfacher Elementarprozeß sein, wie die Aussendung eines Lichtquants, sondern ein Doppelprozeß, bestehend aus der gleichzeitigen Emission eines Elektrons und eines Neutrinos mit vorgegebener Gesamtenergie. Wie die Wahrscheinlichkeit der Emission der Lichtquanten (d. h. die Zerfallskonstanten angeregter Atome) quantitativ durch die Wechselwirkung des elektromagnetischen Feldes mit den Elektronen festgelegt wird, so soll die Wahrscheinlichkeit der Emission der β-Strahlung quantitativ festgelegt sein durch die noch genauer zu ermittelnden Gesetze der Wechselwirkung eines Elektro-Neutrinofeldes mit den Kernbestandteilen. Obwohl die spezielle Form dieser Wechselwirkung noch nicht genau bekannt ist, konnte FERMI, der diese Theorie entwickelt hat, doch schon einige allgemeine Aussagen machen, die sich auch beim Vergleich mit der Erfahrung zu bewähren scheinen. Ebenso wie es bei der Lichtemission Auswahlregeln gibt für die Übergänge zwischen verschiedenen Zuständen, die hauptsächlich von deren Drehimpulsen abhängen, hat man dasselbe beim β-Zerfall zu gewärtigen, und zwar hier so, daß ein Übergang mit Änderung des Drehimpulses sehr viel *seltener* ist als ein solcher zwischen Zuständen gleichen Drehimpulses. Mit Hilfe dieses Gedankenganges kann man drei Folgerungen herleiten. Man kann *erstens* erklären, warum die Lebensdauer und die obere Energiegrenze der β-Strahler keinen einfachen funktionellen Zusammenhang zeigen, sondern in zwei Gruppen zerfallen (s. Abb. 12), *zweitens* kann man erklären, warum die β-Strahlung manchmal zum Grundzustand des

Die Auswahlregel.

Folgekerns führt, in anderen Fällen dagegen zu hoch angeregten, so daß sie eine γ-Strahlung im Gefolge hat, wie wir das beim β-Zerfall des RaC gesehen haben, wo die Anregung des Folgekerns RaC die Emission der weitreichenden α-Strahlen verursachte. Aus Abb. 12 sehen wir, daß der β-Zerfall des RaC auf der unteren Kurve liegt,

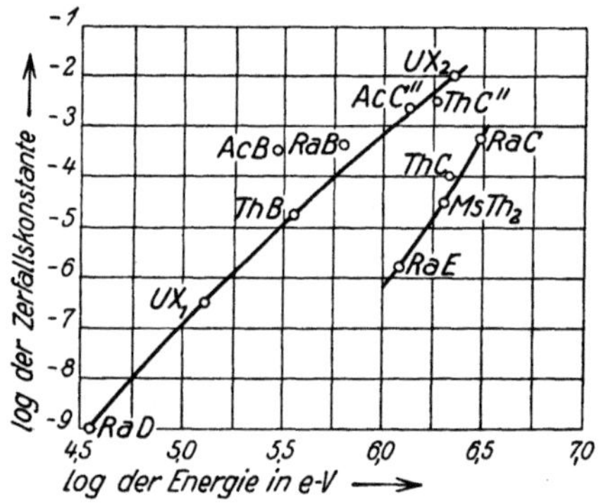

Abb. 12. (Nach SARGENT.) Der funktionelle Zusammenhang zwischen der Zerfallsenergie und der Lebensdauer der β-Strahler. Die β-Strahler liegen nicht auf *einer* Kurve, sondern (mit wenigen Ausnahmen) auf zwei Kurven. Diese Kurven entsprechen den beiden Zerfallstypen, bei denen sich der Drehimpuls des Ausgangs- von dem des Folgekerns um Null (obere Kurve) bzw. um eins (untere Kurve) unterscheidet.

also einer Änderung des Drehimpulses entspricht. Dadurch wird die Zerfallswahrscheinlichkeit nach dem Grundzustand des RaC′-Kerns herabgesetzt und der Zerfall nach höheren, angeregten Niveaus ermöglicht. Etwas anders liegen die Verhältnisse beim RaE. In der Abb. 12 befindet sich der RaE darstellende Punkt auch auf der unteren Kurve. Wir schließen deshalb, daß sich die Grundzustände des RaE-Kerns und des Po-Kerns im Drehimpuls um eins unterscheiden. Trotzdem emittiert das RaE keine γ-Strahlen, der Po-Kern wird also beim Zerfall nicht angeregt. Deshalb müssen wir annehmen, daß es auch keine energetisch *tiefliegenden* angeregten Zustände des Po-Kerns gibt, die denselben Drehimpuls haben wie der Grundzustand des RaE-Kerns.

Schließlich kann man auch durch genaue Messung der relativen Häufigkeit der Anregung verschiedener Zustände des Folgekerns zu Rückschlüssen auf die Drehimpulse dieser angeregten Kernzustände gelangen.

Die γ-Strahlen.

Die γ-Strahlen entstehen, wie wir gesagt haben, durch Übergänge zwischen verschiedenen diskreten angeregten Zuständen bestimmter Energie. Ein solcher Übergang hat also die Emission eines Lichtquants bestimmter Energie zur Folge. Die Größenordnung dieser Energie ist dieselbe wie die der α- und β-Strahlen, also Millionen e. V. Dem entsprechen Wellenlängen von 10^{-10} cm, also viel kürzer als die der Röntgenstrahlen. Die Messung dieser Energie könnte deshalb durch direkte Messung der Wellenlänge der Strahlung nur sehr unvollkommen erfolgen. Man bedient sich statt dessen eines besonderen, durch die Natur des Vorganges selbst gelieferten Sekundärprozesses, nämlich der häufig erfolgenden Absorption der γ-Strahlen in der Elektronenhülle desselben Atoms, dessen Kern das Lichtquant emittiert. Vermöge dieses Vorgangs, der sog. *inneren Umwandlung* der γ-Strahlen, entsendet ein γ-Strahler Elektronengruppen wohl definierter Energie, das sog. sekundäre β-Spektrum; dessen Energien können durch magnetische Ablenkung der Elektronen sehr genau bestimmt werden. Auch in diesem Fall führt die nähere Analyse zu Rückschlüssen auf die Art der Zustandsänderung des betreffenden Atomkerns. Je nachdem nämlich, wie groß die Änderung des *Drehimpulses* des Kernes beim Übergang war, hat das elektromagnetische Feld des

Strahlers eine verschiedene Symmetrie um den Kern. Man nennt diese Strahlungsfeldtypen Dipol und Quadrupolfelder, da man sie sich entstanden denken kann durch schwingende elektrische Dipole bzw. Quadrupole, die sich im Mittelpunkt des Kerns befinden. Von diesem Feldtyp hängt die Absorptionswahrscheinlichkeit in den verschiedenen Elektronenschalen ab. Für alle Wellenlängen ist

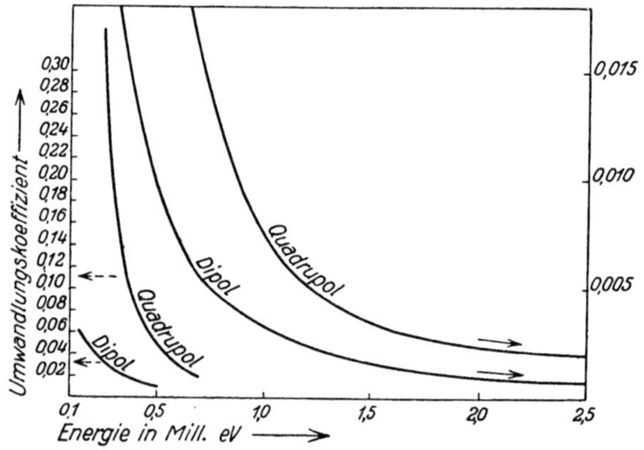

Abb. 13. (Nach ELLIS und OPPENHEIMER.) Innere Umwandlung der γ-Strahlen in der K-Schale eines radioaktiven Atoms. Aufgetragen ist das Verhältnis der austretenden sekundären β-Strahlen zur Zahl der γ-Quanten, als Funktion der Energie des γ-Quants und des Strahlungstyps.

die Absorption der Quadrupolstrahlung größer als die der Dipolstrahlung, dabei ist der Unterschied um so ausgeprägter, je größer die Wellenlänge der Strahlung im Vergleich zum Durchmesser der K-Schale ist (Abb. 13). Die Absorptionswahrscheinlichkeit können wir aber direkt messen durch Bestimmung des Bruchteiles der γ-Strahlen einer bestimmten Frequenz, die, sagen wir, in der K-Schale des Atoms umgewandelt wurde. Die sehr schwierige *Berechnung* dieser Größe als Funktion der Kernladung Z, der Frequenz ν und des Symmetrietyps der Strahlung wurde von Taylor und Mott durchgeführt. Diese Berechnungen sind sehr genau und zuverlässig. Sie hängen ja gar nicht von den speziellen Verhältnissen im Kern ab, da sich die Absorption ganz außerhalb des Kerns abspielt, wo sich die Hüllenelektronen befinden, und wir dieses Gebiet mit Hilfe der Quantenmechanik sehr genau beherrschen. Der Vergleich mit der Erfahrung hat auch hier eine ziemlich gute Übereinstimmung zwischen Theorie und Experiment gezeigt. Wir können uns deshalb auf diesen Zusammenhang auch bei weiteren Anwendungen verlassen. Für eine solche Anwendung wollen wir ein Beispiel geben. Das ThC″ zerfällt unter β-Strahlung in ThPb. Dabei bleibt der Folgekern ThPb stark angeregt und emittiert γ-Strahlen, unter anderen auch solche der Energie $h\nu = 2{,}620 \cdot 10^6$ e.V. Diese wird zuweilen in der K-Schale des ThPb-Atoms absorbiert und gibt dabei Anlaß zu einem sekundären β-Strahl. Die Messung der Intensität dieses β-Strahls ergab nun, daß er von etwa jedem 700sten der zerfallenden Atome ausgesandt wird. Andererseits zeigen die Rechnungen von Mott und Taylor, daß ein γ-Strahl der genannten Energie in der K-Schale eines Atoms der Ordnungszahl 82 (ThPb) bei *Dipol*strahlung zu $^1/_{2000}$, bei *Quadrupol*strahlung zu $^1/_{700}$ absorbiert wird. Daraus müssen wir schließen, daß der betreffende γ-Strahl einem *Quadrupolübergang* entspricht, denn im Dipolfall würden wir ja zu dem widersinnigen Schluß gezwungen, daß pro zerfallendes Atom *drei* Quanten der genannten Energie ausgesandt würden.

Die allgemeine Problemlage.

Die vorangehenden Betrachtungen haben gezeigt, wie man die Begriffe der Quantentheorie benutzen kann, um einen Zugang zur Kernphysik zu erhalten. Dabei ergibt sich der merkwürdige Zusammenhang, daß das Begriffsschema der Quantentheorie zur qualitativen Ordnung der Kernphänomene vollkommen ausreicht, während wir quantitative Aussagen nur für wenige Ausnahmefälle machen können, und zwar immer nur dann, wenn sich der eigentliche Vorgang nicht im Kerninnern, sondern in seiner unmittelbaren Umgebung abspielt. Z. B. wird die quantitative Theorie des α-Zerfalls dadurch ermöglicht, daß wir die COULOMBsche Energie *außerhalb* des Kernes kennen und alle Aussagen, die wir über den Drehimpuls des Kernes machen, werden ermöglicht durch die Anwendung des Satzes von der Erhaltung des Drehimpulses. Mit seiner Hilfe können wir Rückschlüsse von dem Verhalten der emittierten Teilchen in der Umgebung des Kernes auf den Drehimpuls des Kernes selber ziehen. Daß wir vorläufig in der Dynamik des Kerninnern nicht weiterkommen, liegt daran, daß uns eine fundamentale Größe noch fehlt: das Elementargesetz der Wechselwirkung zwischen Proton und Neutron. Wir müssen erwarten, daß diese Wechselwirkung aufs engste verknüpft ist mit dem eigenartigen Verhalten der elektrischen Ladung im Kerne, das, wie wir sahen, zu der Einführung der neuen Idee des Elektro-Neutrino-Feldes Veranlassung gab. Es ist ziemlich sicher, daß eine genauere Kenntnis der Wechselwirkung dieses Feldes mit den schweren Teilchen uns auch das Elementargesetz der Wechselwirkung zwischen Proton und Neutron liefern wird. Aber wir sehen noch nicht klar, ob ein direkter Zusammenhang zwischen dieser Wechselwirkung, die die Einführung einer neuen universellen Naturkonstanten nötig macht, und dem alten Problem der Stabilität der Elementarteilchen besteht.

Struktur und Eigenschaften der Materie. Eine Monographiensammlung. Begründet von **M. Born** und **J. Franck**. Herausgegeben von **F. Hund**, Leipzig, und **H. Mark**, Wien.

I. **Zeemaneffekt und Multiplettstruktur der Spektrallinien.** Von Dr. **E. Back**, Privatdozent für Experimentalphysik in Tübingen, und Dr. **A. Landé**, a. o. Professor für Theoretische Physik in Tübingen. Mit 25 Textabbildungen und 2 Tafeln. XII, 213 Seiten. 1925. RM 14.40, gebunden RM 15.90*

II. **Vorlesungen über Atommechanik.** Von Dr. **Max Born**, Professor an der Universität Göttingen. Herausgegeben unter Mitwirkung von Dr. **Friedrich Hund**, Göttingen.

Erster Band: Mit 43 Abbildungen. IX, 358 Seiten. 1925. Gebunden RM 16.50*

Zweiter Band: **Elementare Quantenmechanik.** Von Professor Dr. **Max Born**, Göttingen, und Professor Dr. **Pascual Jordan**, Rostock. XI, 434 Seiten. 1930. RM 28.—, gebunden RM 29.80*

III. **Anregung von Quantensprüngen durch Stöße.** Von Professor Dr. **J. Franck**, Göttingen, und Dr. **P. Jordan**, Assistent am Physikalischen Institut Göttingen. Mit 51 Abbildungen. VIII, 312 Seiten. 1926. RM 19.50, gebunden RM 21.—*

IV. **Linienspektren und periodisches System der Elemente.** Von Dr. **Friedrich Hund**, Privatdozent an der Universität Göttingen. Mit 43 Abbildungen und 2 Zahlentafeln. VI, 221 Seiten. 1927. RM 15.—*

V. **Die seltenen Erden vom Standpunkte des Atombaues.** Von Professor Dr. **Georg v. Hevesy**, Vorstand des Physikal.-Chem. Institutes der Universität Freiburg i. Br. Mit 15 Abbildungen. VIII, 140 Seiten. 1927. RM 9.—*

VI. **Fluorescenz und Phosphorescenz im Lichte der neueren Atomtheorie.** Von Professor Dr. **Peter Pringsheim**. Dritte Auflage. Mit 87 Abbildungen. VII, 357 Seiten. 1928. RM 24.—, gebunden RM 25.20*

VII. **Graphische Darstellung der Spektren von Atomen und Ionen mit ein, zwei und drei Valenzelektronen.** Von Dr. **W. Grotrian**, a. o. Professor der Universität Berlin, Observator am Astrophys. Observatorium in Potsdam. Erster Teil: Textband. Mit 43 Abbildungen. XIII, 245 Seiten. Zweiter Teil: Figurenband. Mit 163 Abbildungen. X, 168 Seiten. 1928. Beide Bände zusammen RM 34.—*

VIII. **Lichtelektrische Erscheinungen.** Von Dr. **Bernhard Gudden**, o. Professor der Experimentalphysik an der Universität Erlangen. Mit 127 Abbildungen. IX, 325 Seiten. 1928. RM 24.—, gebunden RM 25.20*

IX. Siehe II., Zweiter Band: Elementare Quantenmechanik.

X. **Das ultrarote Spektrum.** Von Dr. **Clemens Schaefer**, o. ö. Professor der Physik, Breslau, und Dr. **Frank Matossi**, Breslau. Mit 161 Abbildungen. VI, 400 Seiten. 1930. RM 28.—, gebunden RM 29.80*

* *Abzüglich 10% Notnachlaß.*

VERLAG VON JULIUS SPRINGER / BERLIN

GPSR Compliance

The European Union's (EU) General Product Safety Regulation (GPSR) is a set of rules that requires consumer products to be safe and our obligations to ensure this.

If you have any concerns about our products, you can contact us on ProductSafety@springernature.com

In case Publisher is established outside the EU, the EU authorized representative is:

Springer Nature Customer Service Center GmbH
Europaplatz 3
69115 Heidelberg, Germany

Batch number: 10704701

Printed by Printforce, the Netherlands